비자르 플랜츠

Bplants

ビザールプランツ

비 자 르 플 랜 츠

Bplants

괴근식물부터 아가베, 박쥐란까지
희귀식물에 대한 모든 것

주부의벗사 엮음
김슬기 옮김
안봉환 감수

B 북폴리오

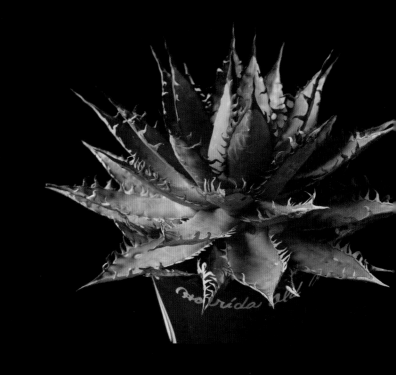

이 책에 실린 사진은 식물재배원과 애호가들에게 제공받았습니다.
사진에 표기된 Ⓐ-Ⓩ는 113~118쪽 소개란에 기재된 기호입니다.

관목계 괴근식물

다육식물이 자생하는 건조 지대에도 관목이 뒤섞인 수풀이 분포하는 곳이 있다.
나무의 높이가 3미터 이하인 키 작은 나무를 '관목(灌木)'이라고 부른다.
굵은 몸통에 수분을 축적하고 땅속에 괴근을 형성하고 있는 것이 많다.

파키푸스도 사진처럼 큰 개체로 생장한다.
사진 속 식물은 처음으로 마다가스카르에서 식물을
수입하기 시작한 개척자이자 '사보텐 옥션 일본'의
주최자인 구리하라 토고 씨가 소유한 것으로 직경
37센티미터, 높이 90센티미터에 이른다.

Operculicarya 오퍼큐리카야속

여름 우기에도 비가
두 컵 정도밖에 내리지 않는다

오퍼큐리카야는 옻나무과 관목식물로 몸통에 투명한 수액을 머금고 있다. 옻나무(옻나무과 옻나무속, Toxicodendron vernicifluum)와 마찬가지로 수액은 공기와 만나면 검게 변한다. 또한 피부에 닿으면 가려움증을 유발하기도 한다. 옻나무의 주성분은 '우루시올'이지만 파키푸스와 같은 오퍼큐리카야속 수액에 포함되어 있는 성분은 정확히 밝혀지지 않았다. 오퍼큐리카야라는 이름은 '덮개'를 의미하는 라틴어 'operculum'에서 유래했고, 마다가스카르와 마다가스카르 북쪽 코모로제도에서만 자생하는 희귀종이다. 마다가스카르에서는 인간이 살아가는 데 필요한 건축 자재나 숯의 원료로 사용하기 위해 이러한 관목을 마구 벌채하고 있다. 일본을 비롯한 아시아에서 괴근식물에 대한 관심이 높아진 지금 자생지의 환경 보호 문제에 대해서도 고민해야 하지 않을까?

암수딴그루인 파키푸스의
수꽃(왼쪽)과 암꽃(오른쪽)

Operculicarya pachypus

파키푸스

마다가스카르 남서부 툴레아주의 해발 10~500미터 지역에 분포한다. 바위 위나 메마른 사질토(모래)에 자생한다. 초록빛을 띤 흰색 또는 크림색 꽃이 피며 암꽃과 수꽃이 각각 다른 개체에 생기는 암수딴그루다. 최근 난획으로 인해 멸종 위기에 놓여 있다. 연중 직사광선이 잘 드는 곳에서 키우는 것이 좋다. 봄에 생장이 시작되면 물을 주기 시작하고 9월에 접어들면 서서히 물 주기 간격을 늘려 간다. 낙엽이 지기 시작하면 기본적으로 다음해 봄 다시 생육이 시작될 때까지 물을 주지 않는다. 다만, 겨울 휴면기에 뿌리가 완전히 말라 버리면 봄이 되어도 생육이 수월하게 시작되지 않으므로 한 달에 한 번 정도 맑은 날 오전에 소량의 물을 주는 것이 좋다. 물을 너무 많이 주면 얼어서 뿌리가 상할 수 있으니 해가 지기 전에 마를 정도만 준다.

Ⓐ

Operculicarya

Operculicarya decaryi

데카리

마다가스카르 남서부 툴레아주 곳곳에 분포한다. 해발 0~700미터의 해가 잘 드는 산림과 탁 트인 초원처럼 태양빛이 충분히 내리쬐는 곳에 자생하며 연지색 꽃이 핀다. 겉모습이 파키푸스와 매우 흡사해서 꽃이 필 정도로 몸통이 굵어지지 않은 상태에서는 구별하기가 쉽지 않다. 파키푸스는 가지가 지그재그로 뻗고 데카리는 비교적 곧게 자란다. 자생지에서는 최대 9미터까지 자라는 키가 큰 나무이지만, 재배 환경에서는 1미터 정도밖에 자라지 않는다. 흙 위로 드러난 몸통과 가지의 둘레를 키우기 위해서는 우선 땅속의 덩이줄기가 충분히 자라야 한다. 봄부터 가을에는 해가 잘 드는 곳에 둔다. 생장기에는 흙이 마르면 물을 듬뿍 준다. 장마철 이후에는 직사광선에 노출시키고 비를 맞게 내버려둬도 좋으며 바람이 잘 통하는 곳에 두어야 잘 자란다.

Operculicarya borealis

보레알리스

대부분의 오퍼큐리카야속 식물과 달리 마다가스카르 북부 안치라나나주 안다바코에라가 원산지다. 해발 500미터 이하 저지대의 나무가 듬성듬성한 사질 토양 숲에 자생한다. 다른 종처럼 낮은 온도에 취약하므로 겨울에는 18도 이상에서 관리한다. 보레알리스의 자생지는 마다가스카르 중에서도 기온이 가장 높기 때문에 겨울을 나는 동안 온도 관리에 주의를 기울여야 한다.

Operculicarya hyphaenoides

하이페노이데스

마다가스카르 남서부 툴레아주에 위치한 치마남펫소사 국립공원, 베마난테자, 생또규스땅이 주요 자생지다. 파키푸스와 매우 비슷하게 생겼지만 하이페노이데스의 유통량이 압도적으로 적다. 파키푸스나 데카리는 잎에 광택이 나지만 하이페노이데스의 잎 표면에는 섬모가 나 있어 잎이 무성해지면 폭신폭신하고 부드러운 느낌을 준다.

Commiphora 콤미포라속

향기로운 수액은 금에 버금가는 가치가 있었다

콤미포라를 비롯해 16가지 속으로 나뉘는 감람나무과 식물 대부분은 수액에 방향 성분이 들어 있고 독성이 없어서 예로부터 향료로 귀하게 쓰여 왔다. 수지(나뭇진)나 호박(琥珀) 같은 결정 형태로 쓰이는데, 그중에서 '몰약(沒藥) 나무'라고도 불리는 콤미포라 미르라(C. myrrha)와 콤미포라 아비시니카(C. abyssinica)의 방향 성분은 고대 이집트에서 최상급 미라를 만들 때 꼭 필요한 재료였다 (미라의 어원도 myrrha에서 왔다고 전해진다). 또한 예수 그리스도의 장례를 치를 때에도 미르라에서 채취한 몰약이 섞인 향료가 방부제로서 함께 묻혔다고 전해진다. 중동에서는 나무 표피에 상처를 내서 흘러나오는 수액을 모아 건조시킨 후 사용했다. 수액은 발효시켜 몰약을 만들거나 진정제, 진통제로도 쓰였으며 금에 버금가는 가치가 있었다고 한다. 지금도 여전히 향수의 원료로 많이 쓰인다.

Commiphora myrrha

미르라

오만, 예멘, 지부티, 소말리아, 에티오피아의 해발 250~1300미터 지역에 분포한다. 연간 300~350밀리미터 정도의 비가 내리는 건조 지대에 자생한다. 고대 이집트 시대부터 미라를 만드는 향기로운 휘발성 기름의 원료로 쓰여서 미라의 어원이 되었다고 전해진다. 건조에 강하지만 어린 모종은 물을 좋아하므로 생육기에는 물이 마르지 않게 특히 주의를 기울여야 한다.

Commiphora kataf
카타프

아라비아 해안가의 해발 400~1500미
터 바위 밭이나 황무지에 자생한다. 넓
은 범위에 걸쳐 자생하기 때문에 형질
이 다양하다. 몸통은 희고 매끄럽지만
몸통에서 뻗어 나간 가지는 짙은 갈색
을 띠는 것이 특징이다. 개체의 크기가
작을 때에는 자연스럽게 분재 같은 형
태가 된다. 햇빛을 아주 좋아하기 때문
에 겨울철에도 따뜻한 곳에서 관리해
야 한다.

Commiphora africana
아프리카나

아프리카 대륙 남부의 건
조 지대에 넓게 분포한
다. 해발 300~1900미터
의 바위 밭, 사질 토양에
서 자란다. 자생지에서는
최대 5미터까지도 자란다.
공기 중의 습도에 반응해
서 자라는 것으로 알려져
있으며 현지에서는 우기
에 접어들면 생육이 시작
된다. 삽목을 통해 번식시
킬 수 있고, 현지에서는
산울타리를 만드는 데도
쓰인다. 추위에 약하므로
겨울철에도 기온을 18도
이상으로 유지한다.

Commiphora drake-brockmanii
드레이크 브록마니

연간 강수량이 60밀리미터 정도인 소말리아 북부 아덴만 연안 사나그 지역에 분포한다. 해발 400~800미터의 구릉지에 자생한다. 콤미포라 치고는 크기가 작으며 많이 자라도 높이가 1미터 정도밖에 되지 않는다. 가지는 잘 뻗어 나가지만 생장 속도가 느린 편이라 몸통의 둘레를 키우는 데는 시간이 걸린다. 몸통에서 굵은 가지가 나오고 거기에서 가느다란 가지가 뻗는다. 가지 끝에서 1~3장의 잎이 나온다.

Commiphora monstrosa
몬스트로사

마다가스카르 남서 연안부 셍또규스땅에서 오닐라히강 어귀까지 한정된 범위에 분포한다. 가느다란 가지가 지그재그 모양으로 자라면서 아래로 드리워지는 독특한 모양을 만든다. 작은 날개 모양의 잎이 여러 장 나고 가지와 함께 지그재그로 뻗으며 오퍼큐리카야 같은 분위기를 자아낸다(몬스트로사는 1962년 오퍼큐리카야속에서 콤미포라속으로 새로 분류되었다 - 감수자).

Commiphora simplicifolia

심플리치폴리아

마다가스카르 남서부에 분포한다. 건조에 강한 관목이 자라는 모래땅이나 석회암 지대 등에 자생한다. 대부분 해발이 낮은 해안가에 자생하지만 해발 250미터에 이르는 곳에서 발견되기도 한다. 높이는 1~4미터 정도이고 크기가 커질수록 얇은 표피가 벗겨지고 새로운 녹색 표피가 드러난다.

Commiphora boranensis

보라넨시스

소말리아, 케냐, 에티오피아의 해발 190~1500미터 지역에 분포한다. 아카시아가 자라는 숲이나 키르키아, 델로닉스가 무성한 관목림 등에 자생한다. 자생지의 대부분은 석회암질 토양 경사면이나 산등성이다. 개체의 충실도나 크기 등에 따라 잎이나 과실의 크기가 달라진다. 분류상 엔네아필라와 가깝다.

Commiphora orbicularis

오르비큘라리스

마다가스카르 북부 서해안과 남부 등이 원산지다. 건조한 산림, 석영이나 석회가 많은 바위 밭, 모래땅 등에 자생한다. 줄기에서 뻗은 가느다란 가지 끝에 세 장의 잎이 쌍을 이뤄 타원형 혹은 넓적한 달걀형으로 달린다. 표피는 옅은 붉은색을 띤다. 생장 속도가 매우 느려서 동일한 수형을 오랫동안 즐길 수 있다.

Commiphora humbertii

험베르티

마다가스카르 남서부에 자생하는 마다가스카르 고유종이다. 연간 강수량이 400밀리미터밖에 되지 않는 건조하고 척박한 토양에서 자생한다.

Commiphora 'Pinnate Leaves'

핀나타 리브스

'핀나타'란 날개 모양으로 나는 작은 잎을 가리킨다. 원산지는 소말리아로 알려져 있지만 그밖의 자세한 정보는 불분명하다. 잎에서 은은한 향이 난다.

Commiphora holtziana

홀트지아나

아프리카 동쪽 해안 중부에서 북부 해발 75~1500미터 지역에 분포한다. 생장하면서 상아색 표피가 벗겨지고 좋은 향이 난다. 오래된 표피가 벗겨지면 녹색을 띤다. 낙엽이 지는 동안에도 햇빛을 충분히 쬐어 준다.

Commiphora sp. nov.PV2590

PV2590

자세한 정보가 많이 알려져 있지 않지만 앙고라산으로 추정된다. 이름의 숫자는 체코 식물연구가 페트라 파벨카의 필드 넘버.

Commiphora kataf var.turkanensis

투르카넨시스

아프리카 대륙 동북부 해발 0~1300미터 지역에 분포한다. 예부터 향유의 원료로 쓰여 광범위한 지역에서 재배된다. 오래전 용암류가 흐른 곳이나 석회암 언덕, 모래 언덕처럼 척박한 토지에서 자라는 경우도 많다.

Commiphora sp. 'Eyl'

에일

소말리아의 에일 부근에 자생한다고 알려져 있지만 자세한 정보는 불분명하다. 가지가 혹처럼 부풀어 있고 옆으로 퍼져 나간다.

Commiphora tulear

툴레아

마다가스카르 남서부 마을인 툴레아 부근에서 채집된 것으로 알려져 있지만 자세한 정보는 불분명하다. 가지와 잎은 가로로 많이 자라지 않고 위로 뻗어 나가는 경향이 있다.

Commiphora foliacea

폴리아세아

오만, 예멘, 소말리아에 분포한다. 해안을 따라 해발 1300미터가 넘는 지역까지 자생한다. 과거에는 기리아덴시스와 혼동되었다. 건조에 강한 아카시아가 무성한 관목림이나 나무가 듬성듬성한 숲, 석회암질 토양 등에서 자란다.

Commiphora kraeuseliana

크라우세리아나

아프리카 남서부 나미비아의 연안 지역에 분포하며 콤미포라이지만 비교적 호리호리하다. 희고 매끄러운 목부(木部)에서 가느다란 잎이 나고 발랄하고 경쾌한 분위기가 매력적이다. 자생지에서도 최대 2미터 정도밖에 자라지 않는다.

Senna 세나속

예로부터
약용으로 쓰인 식물

세나속은 전 세계적으로 300종 정도가 확인된 콩과 식물이다. 같은 콩과인 참등(콩과의 낙엽덩굴성 식물 – 감수자)과 마찬가지로 여러 장의 잎이 날개 모양으로 나며 울퉁불퉁한 수형과의 대비가 흥미롭다. 또한 같은 콩과인 자귀나무처럼 밤이 되면 잎을 닫는다. 여러 방향으로 가지가 잘 뻗어 나가고 생장이 느려 오랫동안 수형을 유지하기 때문에 분재처럼 즐길 수 있다. 노란 꽃을 피워 '코렉스 타마린드'라고도 불린다. 코렉스로서 재배되는 종으로는 메리디오나리스, 레안드리가 있으며 모두 마다가스카르 고유종이다. CITES(멸종 위기에 처한 야생동식물의 국제 거래에 관한 협약 – 옮긴이) 부속서 2에 속하는 식물이지만 자생지에서는 목재로 쓰이고 있다.

Senna meridionalis
세나 메리디오날리스

마다가스카르 남서부의 해발이 낮은 건조림이나 모래땅에 자생한다. 콩과 식물답게 촉감이 부드러운 잎이 날개 모양으로 나고 울퉁불퉁한 수형과 아름다운 대비를 이룬다. 같은 콩과 식물인 자귀나무와 마찬가지로 낮에는 잎을 열고 저녁이 되어 어두워지면 잎을 닫는 습성이 있다.

아로마 성분이 있어
'유향목'이라 불린다

아프리카 대륙, 중동부터 아시아 건조 지대에 분포한다.
속명은 식물학자 존 보스웰(John Boswell)의 이름에서 따온 것이다. 아라비아 반도에 자생하는 보스웰리아 사크라는 예로부터 약용으로 쓰였고 향이 좋아 '유향목'이라고 불려 왔다. 유향은 나무 표피에 칼로 상처를 내서 수액을 분비시켜 채취한다. 기원전부터 훈향(태워서 향기를 내는 향료-옮긴이)에 사용되었고 산지나 종에 따라 향 성분은 다르다. 투명하고 단단할수록 질이 좋다고 여겼고, 푸른 기가 도는 유백색의 유향은 희소해서 최고급품 대접을 받았다.

유향(frankincense)

Boswellia neglecta

네글렉타

케냐, 에티오피아, 소말리아, 우간다에 분포한다. 사계절 내내 높은 기온을 좋아한다. 생장 속도가 느려서 동일한 수형을 오랫동안 즐길 수 있다. 따라서 식물을 구입할 때 선호하는 수형을 신중히 고르는 것이 중요하다. 겨울에는 실내나 온실에 두어 낮은 온도에 노출되지 않도록 한다.

Fouquieria 포우퀴에리아속

아메리카 원주민은 가시 돋은 이 식물로 산울타리를 만들었다

포우퀴에리아속은 포우퀴에리아과에 속하는 유일한 속으로 1과 1속 식물이다. 원산지에서는 스플렌덴스를 '오코티요'라고 부르며 산울타리를 만들기 위해 심기도 한다. 포우퀴에리아속 식물은 대소의 차이는 있지만 모두 높이가 3~10미터 정도인 관목 혹은 고목(高木)이며 몸통이 비대해진다. 나무 표피에서 가시가 자라지만 의외로 약하기 때문에 거칠게 다루지 않는 것이 좋다.

Fouquieria columnaris
컬럼나리스(관봉옥)

멕시코 소노라 사막의 태평양 연안 부근에 분포한다. 종소명은 원통형을 의미한다. 최대 20미터에 달하며 거대한 개체는 멀리서 보면 기둥선인장처럼 보인다. 자생지 주변에 사는 원주민 세리족은 이 나무를 만지면 폭풍우를 만난다고 믿고 있으며 금기의 대상으로 여긴다. 파시쿨라타, 푸르푸시는 CITES 부속서 1에 속하고, 컬럼나리스는 부속서 2에 속하며 모두 국제 상거래가 엄격하게 규제되어 있다.

부르세라속 **Bursera**

남북아메리카에 분포하며 마야족도 이용했다

학명 '부르세라'는 독일계 덴마크 식물학자이자 의사 요아힘 부르세르 (1583~1639)의 이름에서 따온 것이다. 그는 많은 식물 표본을 수집하고 스웨덴 식물학자인 칼 폰 린네가 분류 체계를 만드는 데 기여한 것으로 알려져 있다. 부르세라속에는 100종이 있으며 마야족은 이 수액을 몰약으로 만들어서 의식에 사용하거나 옻나무처럼 활용한 것으로 보인다. 미국 캘리포니아주부터 멕시코 해안선, 내륙의 사막 지대에도 자생한다. 건조에도 잘 견디고 성질이 강건해 화분에 심어도 키우기 쉽다.

Bursera fagaroides

파가로이데스

북아메리카가 원산지이며 미국과 멕시코 국경에 위치한 소노라 사막에 자생한다. 종소명인 fagaroides는 '파가라속(산초나무속)과 닮았다'는 의미로 그 이름처럼 잎이 작고 촘촘하다. 콤미포라와 마찬가지로 감람나무과 코덱스다. 감람나무과 식물 중에는 향료의 재료로 쓰이는 것들이 있는데, 파가로이데스도 곁가지를 다듬으면 감귤류처럼 상쾌한 향을 내뿜는다. 사계절 내내 빛이 잘 들고 바람이 잘 통하는 곳에서 키운다. 최저 0도까지 견디지만 겨울철에도 햇빛이 잘 드는 곳에서 키우는 것이 좋다. 저온에 노출되면 잎이 붉게 물들어 아름답다.

Bursera microphylla

미크로필라

파가로이데스처럼 북아메리카 소노라 사막이나 아리조나에 자생한다. 사막 곳곳에 분포하는 작은 초원이나 언덕 경사면에 자란다. 종소명은 '작은 잎'을 의미하고 홀쭉한 잎이 나며 향도 좋다. 최저 0도까지 견디지만 온도가 낮은 환경에서 키운다면 빛을 잘 쬐어 주고 바람이 빠져나가지 않는 곳에서 관리한다.

부르세라속의 자생 분포지

꼭 알아 두어야 하는 자생지
마다가스카르섬의 현재

마다가스카르 식물을 각별히 사랑하는 다육식물 애호가들은 그 섬의 현재 상황을 얼마만큼 인식하고 있을까?

마다가스카르섬의 면적은 한국의 약 6배이며 세계에서 네 번째로 큰 섬이다. 아시아계와 아프리카계 16개 부족이 살고 있으며 인구는 약 2,600만 명이다.

부족마다 확고한 색깔이 있어서 다른 아프리카 제도에서 일어난 비참한 투쟁만큼은 아니지만 부족 간에 많은 문제를 안고 있다. 현재의 마다가스카르공화국은 1960년에 독립한 후 1970년대에 성립된 사회주의정권을 거쳐 식민지 시대부터 의존해온 프랑스로부터 벗어나기 위해 애써왔다. 그 후 쿠데타를 일으켜 정권을 교체하고 국가의 형태를 만들어 왔지만 국제 수지 악화와 경제 불안정이 계속되고 있다.

그 때문에 국내 정세는 불안정하고 산업과 경제 성장도 느려 세계에서 가장 가난한 나라 중 하나가 되었다. 또 빈부 격차도 크고 부유층은 한 줌에 불과하며 중간층이 존재하지 않아 인구의 90퍼센트가 연간 500달러 이하, 하루에 2달러에 미치지 못하는 수입을 얻는 빈곤한 생활을 한다. 5세 이하 아이들의 절반 가까이가 영양 실조를 겪고 있다.

섬 생활

남북으로 긴 마다가스카르섬은 기온이 높은 우기(11~2월)와 비교적 기온이 낮은 건기(5~10월)로 나뉜다. 섬 남쪽과 북쪽의 차이보다 동쪽과 서쪽의 기온차가 더 크고 남동무역풍과 북서계절풍의 영향을 강하게 받는다.

섬 내 노동 인구의 70퍼센트 이상이 농업에 종사한다. 중앙 고지에서는 주식인 쌀이 논뿐만 아니라 밭에서도 왕성하게 재배되며 자포니카 쌀부터 인디카 쌀까지 폭넓게 소비되는 미식 문화가 발달한 나라다.

농촌 지역에서는 냄비로 지은 쌀밥, 소금과 기름으로 익힌 콩, 카사바, 채소, 약간의 소고기나 돼지고기를 먹는다. 일본 메이지 시

무논
중앙 고지대에는 농선을 개간해서 일본처럼 계단식 논이 조성되어 있다. 치수 설비가 없어서 가뭄이 들면 큰 타격을 받는다.

불타고 있는 삼림

대(1867~1912) 초기 농촌과 비슷한 수준으로, 생활수는 하천에서 길어오고 산의 잡목을 연료로 밥을 짓고 반찬을 만들어 먹는다. 시가지에서는 숯을 소비하기 때문에 국토의 삼림을 연료로 사용하고 있는 실정이다.

비가 내리는 동부에는 커피콩이나 바닐라빈(오른쪽 사진)의 재식 농업도 이루어지는데 근대화에 뒤쳐진 지방에서는 지금도 연소 면적을 조절하지 않는 방식으로 화전 농업을 하고 있어 심각한 환경 파괴를 야기하고 있다.

'타비(tavy)'라고 불리는 화전 농업을 일족의 번영과 건강을 기원하는 오래된 관습으로 항상화시키는 부족도 있다. 자연환경 보호를 위해 국내법으로 금지하고 있음에도 지역 자치권에서는 부족 내 관습을 우선해서 암묵적으로 인정되고 있다.

우기가 시작할 즈음에 씨를 뿌리기 때문에 그때까지 마른 풀을 다 태워 버린다. 건조한 초원에서 시작된 이 불은 예상보다 더 넓게 퍼져 농지 주변 삼림 수십 헥타르를 불태워 그곳에 자생하는 다육식물을 모두 소멸시키는 일도 드물지 않게 일어난다.

바닐라빈
전 세계 생산량의 90퍼센트를 차지하고 있지만 2017년 사이클론의 영향으로 생산에 큰 타격을 입어 지금도 가격이 끊임없이 오르고 있다.

또한 1년에 한두 번 우기에 엄청난 파괴력을 가진 사이클론(벵골만과 아라비아해에서 발생하는 열대성 저기압-옮긴이)의 습격을 받아 인프라나 농업에 큰 피해를 입고 있다. 최근에는 2015년, 2017년에 극심한 가뭄이 찾아와 농민들이 큰 고통을 겪었다.

중앙 고지대 농작에 적합한 비옥한 토지에서는 나름대로 농업이 번영하고 있지만, 환경이 열악한 건조 지대 사람들에게는 자연 환경 문제보다 매일의 끼니를 우선할 수밖에 없다는 점을 우리는 이해해야 한다.

화전에 씨를 뿌리는 농민

섬의 환경 보호 의식

본섬을 뒤덮은 삼림은 연료나 건축 자재로 사용하기 위해 벌채되어 최근 50년간 40퍼센트 이상 훼손된 것으로 추정된다. 이 수치는 아주 소극적인 예상치이며 80퍼센트 이상이라고 주장하는 이도 있다.

섬 중앙 고지대를 덮고 있던 삼림은 농지나 방목지가 되어 꽤 많은 부분이 사라져 버렸고, 그로 인해 여우원숭이 같은 대형 동물군이 멸종에 이르렀다.

섬 서쪽부터 남쪽에 걸친 건조지 숲에 분포하는 아로디아(아래 사진) 등은 건축 자재용으로 매일 벌채되고 있다. 다행인지 불행인지 모르겠지만 일본의 다육식물 애호가가 선호하는 오퍼큐리카야나 콤미포라는 현지에서 재료로써 생활 의존도가 낮은 종이다.

그락실리우스 같은 커다란 다육식물 개체가 구릉지 상부나 바위밭에만 존재하는 이유는 가축을 방목하거나 밭을 태우기 때문인지도 모른다. 멋진 개체들은 지금은 이살로국립공원 같은 보호구역에서만 볼 수 있다고 한다. 생활 연료를 얻기 위한 벌채뿐만 아니라 법적으로 벌채량을 관리하는 열대우림에서도 보호림의 불법 벌채가 횡행하다. 국립공원에서 희소종의 벌채를 제대로 단속하지 않아 보호 수종인 로즈우드가 국외로 유출되고 있는 실정이다. 불법 벌채된 목재의 밀수처는 대부분 13억 명의 거대 시장을 가진 아시아 국가이며 고급 가구나 약품의 재료로 쓰이고 있다.

이로 인해 동식물이 생식하는 자연림이 파괴되고 토양이 유출되어 하천이 진흙투성이가 되는 문제를 불러일으키고 있다. 관개 시

설 정비로 지하수의 수위가 상승해서 바오밥나무 등의 뿌리가 물에 잠겨 썩으면서 무너지기도 한다.

섬의 고유종

마다가르카르에 자생하는 약 15,000종의 식물 가운데 80퍼센트 이상이 고유종이다. 마다가스카르는 생물다양성 측면에서 매우 중요한 의미를 갖는 장소로, 남극에 이어 '제8의 대륙'이라고 말하는 학자도 있다.

이 책에도 등장하는 파키포디움속 가운데 80퍼센트가 본섬의 고유종이다. 세계에 9종 존재하는 바오밥속 가운데 6종이 마다가스카르 고유종이다. 마다가스카르에 생육하는 야자나무는 총 170종이다. 이것은 아프리카 전체 종수의 3배이며, 심지어 그중 165종이 고유종이다. 동부 우림의 수많은 고유종 가운데 여인목은 마다

디디에레아과 아롱목의 심재로 널빤지를 만드는 모습

가스카르라는 나라의 상징이다.

본섬은 동물다양성도 풍부해 대표적인 포유류인 리머(알락꼬리여우원숭이)는 알려진 것만 해도 100종이 넘는 여우원숭잇과의 일종이다. 대륙과 달리 원원류 이외의 경합 상대가 없어서 리머는 다양한 환경에 적응해 수많은 종으로 다양화되었다. 그러나 이 원원류들은 대부분 희소하고 취약해서 전부 멸종 위기에 놓여 있다. 인간이 사는 본섬에 온 이후 적어도 17종의 원원류가 멸종했다고 한다.

리머(알락꼬리여우원숭이)
프랑스어 'lemur'는 원원류를 의미한다.
한국과 일본에서는 '여우원숭'이라고 부르지만 여우와는 무관한 종이다.

현실과 미래

20세기 이후 급격한 인구 증가와 무질서한 개발로 인해 섬 전체 환경이 파괴되면서 위기 상황에 직면해 있다.

풍요로운 자연을 찾아오는 유럽과 미국의 자연애호가들은 마다가스카르의 큰 재원으로 관광객을 유치하기 위해 생태 관광 추진을 호소하고 있다. 관광으로 수입을 얻는 사람들에게도 외화는 광장히 매력적이다. 그러나 마다가스카르 사람들은 과거 신식민지주의에 대한 반발 심리를 느끼고 섬의 토지를 선조의 땅(타닌자자나, tanindrazana)으로서 소중히 여기는 민족주의를 중시한다. 따라서 하루하루 곤궁한 삶을 사는 국민 입장에서는 경제 성장을 유도하지 못하는 정책에 실망할 수밖에 없다. 현실적으로 마다가스카르 정권은 지금도 자연 환경 악화를 막지 못하고 있다.

지구 뒷편에 있는 우리는 지금까지 100년이 넘도록 마다가스카르 식물을 사랑하고 존중하고 있다. 마다가스카르섬의 자연과 마다가스카르공화국에 사는 사람들, 이 모든 것이 그 나라의 식물이 자라는 환경이다. 하나의 식물을 뛰어넘어 그 섬의 미래의 풍경을 함께 상상해야 할 때가 아닐까?

취재 협력

하시즈메 후미오(橋詰二三夫)
도쿄농업대학 농학과를 졸업했다. 재학 중일 때부터 재단법인 진화생물학연구소에서 다육식물 등을 관리하는 일을 했다. 졸업 후에는 마다가스카르 현지에 3년 이상 체류하며 건조지 식물을 연구했다. 삼림보호 NGO 사업에도 참여했다.

삼림이 소실되어 토지의 침식이 진행되고 있다.

나무가 계속 쓰러지는 모론다바의 바오밥나무 거리

동경하는 온실 기초지식

최근에는 가정용 유리 온실이나 비닐 하우스가 보급되어 다육 식물이나 열대식물 재배에 활용하는 사람이 늘고 있다. 과거에는 고급 난초 애호가 정도만이 정원에 온실을 만들었고, 온실이 아니라 '난초 집'이라 부를 만한 것이었다. 누구나 꿈꾸는 온실 재배를 실현하기 위해서는 몇 가지 뛰어넘어야 하는 장애물이 있다. 예를 들어, 온실의 온도가 몇 번씩 떨어지는 현실을 마주하기도 한다. 마다가스카르나 멕시코처럼 완전히 다른 환경에서 자생하는 식물들을 재배하려는 것이기 때문에 이 정도의 설비는 당연히 필요한 것인지도 모른다.

1 가격

구조에 따라 가격차가 크다. 각각의 장점과 단점을 살펴보면서 실현 가능성을 생각해 보자.

[유리 온실] 프레임은 알루미늄제이며 형태가 깔끔해서 가장 많이 선호하는 온실이다. 취미용 재배 온실은 2~5평 정도의 소형 규격품이 대부분이다. 원하는 크기나 형태로 주문 제작하면 비용이 많이 들기 때문에 제조사에 문의하는 것이 좋다. 본체와 시공비, 주요 옵션을 모두 포함했을 때 3평 기준 100만 엔 안팎이다.

[비닐 하우스] 소형은 10만 엔 안팎이며 온라인으로도 구매할 수 있다. 설명서를 보며 설치한다. 설치 장소에 특별한 문제가 없다면 성인 두 명이 하루 만에 완성할 수 있다.

[썬룸] 자택 베란다나 옥상 지붕에 설치한다. 제조사마다 디자인이 다양하다. 유리가 아니라 폴리카보네이트 같은 수지 소재로 된 것도 있으며 가격대 역시 다양하다. 온실로 사용할 것이므로 구조와 기밀성 등을 꼭 확인해야 한다.

[자체 제작 온실] 많은 애호가가 소형 온실을 직접 제작한다. 다육 식물은 충분한 햇빛을 쬐고 비를 피하는 것이 중요하므로 재배 품종에 맞춰 온실을 제작하면 적은 비용을 들여 원하는 크기로 설치할 수 있다. 문제는 강도와 내구성이다. 태풍이나 집중 호우 피해에 주의해야 한다. 어디까지나 개인의 판단에 따라 만드는 것이므로 경험자에게 조언을 구하고 다양한 각도에서 검토해야 한다.

2 설치 장소

크기가 작아도 온실은 엄연히 건축물이다. 구조와 기능을 살리기 위해서는 적합한 곳에 설치해야 한다. 대부분의 온실은 빛이 필요해서 만드는데, 설치하려는 곳이 경사지거나 평평하지 않다면 땅을 고르는 것부터 시작해야 한다. 비닐 하우스는 파이프를 꽂을 수 있는 평평한 땅이라면 어디든 설치할 수 있다. 유리 온실을 만들 때에는 '기초'가 필요하다. 정확한 수평 레벨을 유지하지 못하면 온실의 구조물이 비뚤어지거나 뜻밖의 부하가 가해지기 때문이다. 콘크리트 주차장 같은 공간은 배수를 고려해서 약간 경사가 져 있기 때문에 레벨을 조정해서 기초를 만든다. 철근 콘크리트 건물뿐만 아니라 목조 가옥에도 옥상이나 테라스가 있는데 이는 '방수판'이라고 불리는, 누수를 방지하는 '층'으로 보호한다. 방수판은 FRP나 철판을 특수 도장한 것으로 구멍을 뚫거나 볼트나 앵커를 달 수는 없다. 작은 온실이라 해도 설치 장소의 안전성은 꼭 확인해야 한다.

3 일조량

온실에서 재배할 품종에 따라 일조량을 조정할 수 있다. 유리 온실은 실외 일조량과 거의 동일한 광량을 기대할 수 있다. 비닐 하우스의 일조량은 비닐의 기능성에 따라 차이가 있는데 일반적으로 70퍼센트 정도이다. 여름철 온도가 많이 오르는 것을 방지하기 위해 50퍼센트 정도로 억제시키는 제품도 있다.

비닐은 시간이 지나면 노화되어 뿌옇게 변하기 때문에 3~4년마다 갈아끼워야 해서 때마다 비용과 수고가 필요하다. 폴리카보네이트는 강도가 뛰어나 깨질 일이 거의 없다. 속이 비어 있는 것은 보온 효과도 좋아져 광열비를 절감할 수 있다. 유리 온실에서 포개서 사용할 수도 있다.

4 온도

온실 관리의 최대 과제는 온도 관리다. 소형 온실은 겨울철에 가온 시설이 없으면 외부 기온과 같은 상태가 된다. 다육식물 대부분의 재배 최저 기온을 5~10도라고 상정하면 난방 설비가 필요하다. 일반적으로는 등유 난로를 사용한다.

소형 온실용 난로도 유통되고 있지만 사용할 때에는 주의가 필요하다. 석유가 연소하며 발생하는 일산화탄소는 밀폐된 공간에서 식물을 시들게 하고 인체에도 유해하므로 조심해야 한다. 등유식 난방기를 사용하더라도 굴뚝을 설치하고 안전을 위해 자동 온도 조절 장치를 설치하는 것을 추천한다.

한편, 일반적인 가정용 냉난방기를 설치할 수도 있는데 안전성이 뛰어나고 온도 관리에 필요한 수고를 덜 수 있다. 유지비는 두 배 안팎이라고 알려져 있지만 온실의 구조나 설치 환경에 따라 큰 차이가 있다.

[겨울철 온도 관리] 겨울철에 날씨가 맑을 확률이 높은 장소라면 밤부터 아침에 걸쳐 가습한다. 전기 히터처럼 자동 온도 조절이 가능한 도구가 편리하다.

[여름철 온도 관리] 최고 기온이 30도 이상 오르는 시기에는 온실 내부에 열기가 가득 차지 않도록 통기와 환기에 신경 쓴다. 유리 온실의 측면은 여닫이 새시 창이라 열고 닫기가 편리하며 천장면은 체인으로 된 수동 개폐 장치가 표준 설치되어 있다. 또한 온실 센서로 작동하는 천장 자동 개폐 장치(옵션이며 가격은 17만 엔 정도)를 설치할 수도 있다.

비닐 하우스는 측면 비닐을 그물형으로 갈아끼워서 여름철을 대비하기도 한다. 다육식물이나 선인장은 대부분 우기의 찌는 듯한 환경에 약하기 때문에 통풍은 매우 중요한 과제다.

[최대 난관은 초봄의 날씨] 소형 온실에서 식물을 키울 때 가장 빈번하게 발생하는 문제는 봄의 기온차 때문에 발생한다. 이른 아침은 10도 이하로 떨어져 쌀쌀하기 때문에 온실을 완전히 닫아 둔다. 하지만 맑은 날 낮에 기온이 단번에 20도를 넘어 25도까지 오르면 온실 내부는 35도 이상 오를 가능성도 있다. 이 정도의 기온차 때문에 식물이 시들진 않지만 물을 준 지 얼마 되지 않은 화분은 습기가 차서 뿌리가 상해 버린다.

4~5월 온실 내 기온차는 일기예보상의 수치보다 폭이 넓다. 대형 온실은 공간의 절대량이 크기 때문에 온도 변화가 완만하지만 소형 온실에서는 그 진폭이 재배하는 데 커다란 리스크로 작용한다. 바닥이 콘크리트 등으로 되어 있는 옥상이나 주차장에서는 빛이 반사되기도 하므로 온도 관리에 한 층 더 주의를 기울여야 한다.

※유리 온실은 건축구조물이기 때문에 기준 면적 이상인 경우에는 지자체에 건축 확인 신청서를 제출해야 할 수 있으므로 시공업자에게 상담하자.

6 차광

직사광선이 너무 강한 시기에는 고온에 노출되어 잎이 타는 것을 방지하기 위해 차광망을 설치한다. 요즘은 바둑판 무늬(다이오넷, 30~50퍼센트 차광)가 주류인 듯하다.
쇼와 시대(1926~1989) 선인장 애호가 중에는 온실 유리에 녹인 석회를 발라서 유리를 뿌옇게 만든 사람도 있었다.

7 통기

건조 지역에 자생하는 식물을 온실에서 키울 때에는 환기가 중요하다. 물을 줘서 생긴 습기는 대류 현상에 의해 금세 마른다. 대형 온실에서는 공업용 선풍기를 많이 사용한다.

소형 온실은 공간이 제한적이기 때문에 천장에 선풍기를 매달아서 공기, 온도, 습기를 효율적으로 순환시킬 수 있다.

5 자연 재해 문제

옥상이나 바람이 강하게 부는 곳에 온실을 설치할 때에는 충분한 보강이 필요하다. 태풍은 일기예보 덕분에 사전에 대비할 수 있지만 겨울이 끝날 무렵 처음으로 부는 강한 남풍이나 소용돌이, 게릴라성 호우, 우박 같은 천재지변은 예측 불가능하다.
태풍이 다가오고 있다면 유리 온실의 창과 문을 확실하게 잠가야 한다. 바람이 불어 측면의 창이 열려 버리면 온실 내부로 돌풍이 들어와 안쪽부터 압력이 가해져 유리가 깨져 버린다.
비닐 하우스도 마찬가지다. 측면의 틈을 잘 막고 프레임은 지면이나 구조물의 앵커로 확실하게 고정시켜야 한다. 만에 하나 비닐이 찢어져도 큰 피해가 가지 않도록 중요한 품종은 실내로 피난시키는 것이 안전하다.

주택 옥상에 설치한 2평 정도의 알루미늄 프레임 온실. 천장의 통풍구 잠금 장치가 열려 폴리카보네이트판이 손상되면서 강풍이 들어와 안쪽부터 무너졌다.
안에 있던 식물은 태풍이 오기 전에 피난시켜서 무사했다.

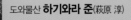
협력

도와물산 **하기와라 준**(萩原 淳)

공간을 효율적으로 활용해서 다육식물을 즐기기 위한 본격적인 가정용 알루미늄 온실 '히다마리(양지)' 시리즈. 크기는 1.5평부터 24평까지 다양하며 여러 기능을 갖춘 재배 환경 관리 시스템을 제공한다. 오른쪽의 연락처를 통해 상담 견적도 받아볼 수 있다.

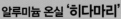
알루미늄 온실 '히다마리'
도와물산 주식회사
가나가와현 에비나시 히가시카시와가야 6-18-15
전화: 046-231-9711
팩스: 046-231-4401
홈페이지: http://www.hidamari.co.jp

협력
'선인장 옥션 일본' 구리하라 토고
'다이쇼도' 혼마 요스케
'BOTANIZE' 요코마치 켄

오퍼큐리카야 파키푸스

수경재배 루팅에 관한 10가지 추론

많은 괴근식물이 뿌리를 내리지 않은 벌크 상태로 유통되고 있다.

누구나 실패 없이 건강하게 루팅(rooting)시킬 수 있는 개체도 있지만 파키푸스의 루팅은 쉽지 않다. 지금까지 1000회 이상 루팅을 경험한 생산자들조차도 파키푸스의 루팅 성공률은 20퍼센트 안팎일 정도이니 초심자에게는 '도박'이라고 할 수밖에 없는 도전이다.

파키푸스 루팅 경험이 풍부한 식물재배원 운영자와 판매자, 애호가 20명 이상을 취재하고 그들의 경험을 종합 분석해 10가지 포인트를 정리해 보았다.

1 개체의 선도는 어떻게 판단하는가

벌크 개체를 루팅시키기 위해서는 개체 자체의 체력이 남아 있는지를 확인해야 한다.

현지 식물재배원의 관리 상태를 고려해 본다. 주근(굵은 뿌리)이 잘리고 나서 시간이 너무 많이 경과한 개체는 손으로 들어올려도 가볍게 느껴진다. 이것은 괴경(덩이줄기) 내부의 수분이 줄어들었기 때문이며 체력이 남아 있지 않은 상태다. 표피가 삐쩍 마른 것처럼 보이는 괴경 표피 안쪽에 '형성층'이 살아 있는지 여부가 루팅 성공률에 큰 영향을 미친다. 주근에서 나온 가는 뿌리에 습기가 보존된 상태로 일본에 수입되기도 한다. 이것은 화분에 식재된 상태로 유통되고 있는 듯하다.

2 남반구와는 계절이 많이 다르다

잘 알려져 있듯이 남반구의 자생지와 일본은 계절이 정반대다. 자생지에서는 2월경까지가 여름의 우기에 해당하고 봄(9월)부터 잎이 무성해지며 괴경부는 대지의 수분을 빨아들여 체력이 붙은 상태다. 반대로 6월은 겨울의 건기에 해당하며 개체는 잎을 떨어뜨리고 휴면 중이다. 즉 일본의 겨울에 수입된 개체와 여름에 수입된 개체의 상태가 다르다는 말이다.

12월부터 3월경이라면 개체에 체력이 남아 있을 수 있다. 하지만 개체가 휴면 중이라 루팅에 실패하는 것은 아니며, 이것은 어디까지나 생체 사이클에 기반한 가설이다.

3 | 뿌리 절단면이 핵심!

현지에서 벌크 상태로 수입되는 개체가 많다. 아가베는 대부분 벌크 상태로 수입되지만 루팅 성공률은 굉장히 높다. 파키푸스는 땅속에 파워 탱크라 불리는 '괴근'이 존재한다. 이것은 지상부의 괴경뿐만 아니라 땅속에도 수분을 비축하기 위한 조직이다. 이 파워 탱크가 달린 개체가 수입되는 경우도 있는데, 탱크가 있다고 해서 반드시 루팅 성공률이 높다고는 할 수 없다. 탱크가 달린 개체를 100회 정도 식재한 경험이 있는 사람도 "결과적으로 루팅 성공률은 10~20퍼센트였고 탱크가 없는 개체와 차이가 없었다"고 말했다.

개체의 선도는 주근의 절단면을 봐야 알 수 있다고 한다. 식재할 때에는 개체의 '살아 있는 형성층'까지 잘라내고 그 부분에서 뿌리가 나올 수 있게 해야 한다. 손상된 부분은 갈색을 띠고 시큼한 발효취가 난다. 반면에 살아 있는 부분은 선명한 밝은 색을 띠고 산뜻한 나무향이 난다. 이 부분까지 잘라내고 지상부가 물을 빨아들이지 못하면 루팅을 촉진시킬 수 없다. 식재한 개체의 가지에 새로 싹이 나고 잎이 나더라도 루팅에 성공했다고 판단할 순 없다. 잎이 난 뒤에 새로운 가지가 뻗어야 확실하게 뿌리를 내렸다고 할 수 있다. 새 잎은 괴경에 남아 있는 양분으로 자라났을 뿐이므로 루팅 직전 상태라고 판단해야 한다.

괴경 부분까지 절단해도 살아 있는 세포가 발견되지 않는 개체도 있다!

생기가 넘치는 주근은 색이 선명하다!

주근을 세로로 잘라서 확인해 보는 것도 좋은 방법이다.

4 | 옻과와 감람나무과의 수액

옻과인 파키푸스와 감람나무과인 콤미포라 같은 품종은 모두 점도가 있는 수액을 갖고 있다. 이 수액이 뿌리 절단면을 막아 버리면 물이 위로 올라가지 못해 루팅 반응도 확인할 수 없게 된다.

붉은 수액에는 줄기의 양분도 포함되어 있다. 수액이 유실되면 체력도 뺏기게 된다.

5 | 수경재배할 때에는 뿌리의 종류를 보자

SNS에서 수경재배로 루팅에 성공했지만 흙으로 옮겨심기에 실패했다는 사례를 종종 본다. 수경재배 전문가에 따르면, 수중에서 자라는 뿌리는 방주근이라 불리며 흙에서는 뿌리를 내리지 못한다. 수중의 뿌리는 '수분과 산소'를 필요로 한다. 수경재배를 하면 수분은 충분히 공급된다. 그럼 산소는 어떨까?

식물이 이산화탄소를 이용해 광합성을 한다는 사실은 우리 모두 초등학생 때 배웠는데, 혹시 뿌리에서도 산소를 흡수한다는 사실을 알고 있었는가? 수조(용기)에 담긴 물의 수면에는 산소가 풍부하지만 수중의 산소는 부족하다. 수중에 공기를 불어 넣어 산소를 증가시키는 에어레이션을 통해 효과적으로 산소를 공급할 수 있다.

산소 농도가 높은 곳에서 뿌리가 발달한다.

토마토의 수경재배

6 | 온도가 핵심!

파키푸스의 루팅 성공률은 온도에 크게 좌우된다. 루팅 관리 중일 때의 낮 기온은 35~45도가 적절하다. 실내 온도가 20~25도 정도인 겨울철에는 루팅 성공률이 급격하게 낮아지는 듯하며 밤 기온이 25도 이하인 환경에서는 뿌리를 내리지 못한다는 가설도 있다. 늘 25~40도로 관리하는 온실에서도 한겨울보다는 외부 기온이 높아진 봄에 높은 확률로 루팅에 성공한다는 말도 있다.

또한 습도는 높은 편이 좋다. 벌크 개체는 온실 같은 고온 환경에서 건조해지면 체력을 잃어버린다. 따라서 수분 증발을 줄이기 위해 습도는 높게 유지하는 것이 좋다.

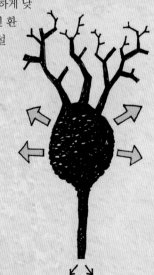

7 살균제와 발근제

개체의 절단면이 잡균에 감염되면 개체가 약해진다. 난초나 선인장 등의 절단면을 멸균 및 소독해야 한다고 강조하는 생산자는 적지 않다. 개체의 절단면을 살균했다 하더라도 배양토에 식재하면 거기에도 잡균이 존재하기 때문에 별로 의미가 없다. 난초 등의 절단면에서 발생하는 세균 감염 리스크와는 차이가 있다. 예를 들어 선인장을 삽목할 때에는 절단면을 완전히 건조시키고 심는 것이 정석이지만, 파키푸스는 완전히 말라 버리면 절단면의 형성층이 파괴되어 버리기 때문에 습도를 유지해야 한다.

수경재배를 할 때에는 물 자체에 잡균이 늘어나지 않도록 에어레이션으로 산소를 공급하고 산화 방지 작용을 기대할 수 있는 '제올라이트(규산염 백토)'를 넣는 것이 좋다. 발근제를 사용하는 것도 효과적이다. 하지만 1~7의 조건이 어느 정도 갖춰져 있어야 한다. 발근제의 정석으로는 메네델과 루톤이 있는데, 많은 괴근식물 관계자들은 옥시베론과 Rapid Start Rooting Enhancer를 추천한다. 용액의 적정 사용 농도나 시간을 찾아가고 있는 중이므로 수경재배에 사용한다면 참고자료 정도로 생각해 주길 바란다.

8 가지 처리

지금까지 뿌리 처리 방법에 대해 살펴보았는데 그렇다면 가지는 어떻게 해야 할까? 이것을 삽목이라고 생각하면, 뿌리가 없는 개체는 가지나 잎의 양을 줄이는 것이 정석이다. 가지나 잎에서는 수분이 나온다. 아직 뿌리가 자라지 않은 개체는 그저 수분이 부족할 뿐인 것이다. 가지를 잘라내는 것이 좋은지 여부는 불분명하다.

9 용토

수경재배로 루팅에 성공한 개체를 화분에 옮겨 심었는데 말라서 죽은 사례는 수없이 많다고 한다. 방주근은 가지가 갈라지지 않고 곧게 뻗은 뿌리로, 농학부 교수의 말에 따르면 흙에 심을 경우 100퍼센트 말라 죽는다. 그럼 수중에서 흙에 적합한 뿌리를 내리는 방법은 없는 걸까? 그 답은 배지(미생물이나 세포, 이끼 같은 작은 식물을 증식시키기 위해 고안된 액체나 젤 상태의 영양원 - 옮긴이)에 있다고 한다.

현재 수경재배 기술은 비약적으로 발달해 시판 토마토나 레터스 같은 잎채소는 이 기술을 통해 재배되고 있다. 배지는 '암면'이 주류이고 여기에 씨를 뿌려 발아시킨 후 수경재배한다. 이번에 소개할 개체의 루팅은 배지 그대로 수경재배하고 배지째로 분갈이가 가능하지 않을까 하는 아이디어를 적용했다.

여기에서는 '코코피트'를 사용했다. 야자매트라고도 불리며 배양 원료로 널리 쓰인다. 코코피트는 코코넛의 유지를 추출하고 남은 폐기물로 저렴하다. '부푸는 흙, 가벼운 흙'이라는 이름으로 시중에서 판매되고 있는데, 염분과 잿물이 남아 있는 조악한 제품도 많기 때문에 주의해야 한다.

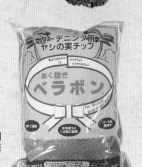

벨라본
뿌리 단면에서 물이 올라가는 것이 중요하므로 코코피트는 개체가 반응을 보이고 나서 뿌려도 좋다.

10 루팅까지 걸리는 시간

벌크 개체를 식재했을 때 루팅까지는 대체로 2~3개월이 필요하다. 하지만 수입 개체는 컨디션 차이가 크다. 2~3개월이라는 수치는 어디까지나 루팅에 성공한 사람들이 경험적으로 도출한 결과이다.

수입 시점에 컨디션이 좋은 것은 식재 후 1~2주 내에 발아해서 뿌리를 내리는 경우도 드물지 않다. 반대로 식재 후 4~5개월이 지나서야 발아하고 뿌리를 내리는 만생 개체도 있다. 이것은 개체의 상태뿐만 아니라 온도와도 밀접한 관련이 있기 때문으로 추측된다.

늪에 빠진 듯했던 루팅 경력

요코마치 켄

요코마치 켄이 도전하는 수경 루팅!

무엇이 정답인지는 모르지만 개체를 살려내겠다!

루팅 성공률 90퍼센트!

확신은 없었지만 고온 다습한 환경에서 관리해서 루팅 성공률이 높아졌다.

5개월 후에 보기 좋게 루팅에 성공!

2018년 겨울에 수입된 개체로 토양에서 아무 반응 없이 봄을 맞이했다. 기온이 올라 5월이 되자 갑자기 새싹이 나오는 기적이 일어났다.

BOTANIZE

처음 키운 괴근식물은 파키포디움 칵티페스였다. 2014년은 '괴근 여명기'로 관목계 파키푸스가 수만 엔에 유통되던 꿈 같은 시대였다. 취미로 괴근식물을 키우는 사람들 사이에서는 다육식물의 한 장르로서 '괴근'이라는 말이 쓰였지만 지금처럼 주목받는 존재는 아니었다. 물론 루팅에 관한 정보들도 생산자의 입에서 입으로 전해지는 데 그쳤다.

크리에이티브 업계에 식물 붐이 일기 시작했을 당시 그 소용돌이의 중심에 있었던 사람 중 하나가 바로 요코마치 켄이다. 물론, 식물이 인테리어의 모티프로 다뤄지는 데 강한 반발을 느끼는 분위기도 있었다. 하지만 당시 괴근식물에 대해 제대로 논할 수 있는 사람은 많지 않았고, 모두가 올바른 재배 방법을 모색하는 와중이었다.

요코마치 켄은 괴근식물에 매료되어 아직 뿌리를 내리지 않은 개체에 도전했다. 화분에서 완전히 뿌리를 내린 개체보다 저렴하다는 장점도 있었지만 처음부터 키워 보겠다는 고집 때문이었을 것이다. 초등학생 때부터 원예를 즐기는 아버지의 영향을 받아 선인장 파종을 즐겼다. 아직 뿌리를 내리지 않은 개체가 생장한 모습을 상상하고 누구보다도 이른 시기에 그 개체의 매력을 꿰뚫어 보는 일. 스스로 얻은 깨달음을 가장 중시하는 요코마치다운 면모는 모두 그것에서 시작되었다. 그락실리우스를 시작으로 여러 종류의 파키포디움은 70~80퍼센트의 확률로 뿌리를 내렸다.

"고온 건조한 자생지의 모습을 상상했어요. 뿌리가 없으니 분무기로 자주 물을 뿌리고 햇빛을 충분히 쬐어 주었어요."

직사광선 때문에 개체에 부하가 너무 많이 가해진 탓인지 괴근 몸통이 썩어 물컹물컹해진 적도 있다.

본업은 베테랑 디자이너이고 식물은 취미로 길렀지만, 2014년에 온라인 식물숍을 열고 2016년에는 다이칸야마에 오프라인 매장을 여는 격변이 있었다. 그즈음 요코마치는 '파키푸스 루팅 성공률 90퍼센트'라는 기적에 조우한다. 지금까지 파키푸스의 루팅 성공률은 20퍼센트 안팎에 불과하다는 것이 정설로 여겨져 왔는데, 당시 그의 열의는 파키푸스의 형성층도 되살아나게 할 정도였는지도 모른다.

"고온의 작은 온실에서 틈만 나면 분무기로 습기를 더해 주었어요. 괴근부에는 신문지를 둘러서 적셔 주었죠."

이 높은 성공률을 기록한 것은 4월이었는데, 앞서 언급했듯이 마다가스카르에서는 체력이 튼튼하고 건강한 가을 개체였을 것이다. 2016년 이후 사업을 확장하면서 여러 동의 유리 온실에서 식물을 관리했

지만 그 행운은 두 번 다시 찾아오지 않았다.

괴근식물, 다육식물, 선인장을 취급하게 된 BOTANIZE에서는 온실을 25~30도 정도로 관리하고 습기를 싫어하는 식물을 위해 대형 선풍기 3대를 24시간 가동했다. 온실 내부는 고온 건조해서 다육식물에게는 이상적인 환경이지만 파키푸스가 뿌리를 내리기에는 적합하지 않았다. 이 문제점을 깨달을 때까지 2년이라는 시간이 필요했던 것이다.

2017년경에는 파키푸스의 인기가 치솟아 누구나 갖고 싶어 하는 품종으로 자리 잡았지만, 루팅 필승법을 발견하지 못해 앞으로 나아가지 못하는 날이 계속되었다. 요코마치는 인터넷을 통해 알게 된 개인 수입업자에게 개체 10개를 구입해 보았다. 판매자는 "파키푸스는 낮과 밤의 기온차가 있어야 뿌리를 내려"라고 조언했고, 요코마치는 그의 말대로 밤에 온실의 온도를 내려 보았지만 모든 개체가 말라 죽어 버렸다.

판매자에게 이 사실을 알렸더니 "말도 안 돼요. 여기에서는 80퍼센트 이상이 뿌리를 내렸어요"라는 답변이 돌아왔다. 요코마치가 심취했던 브라질리언 주짓수의 혼은 그를 여기서 멈추지 못하게 했다. 10개체를 추가 주문했지만 단 한 개체도 뿌리를 내리지 못했다. 그 수입업자가 말한 루팅 방법은 지금도 이해할 수 없다.

2018년에는 연간 150개체 정도를 새로운 업자에게서 사들였다. 개체의 상태를 잘 살펴보고 '파워 탱크'가 달려 있는 것을 엄선하기도 했다. 하지만 성공률은 20퍼센트에 그치고 말았다. 파워 탱크가 있다고 해서 반드시 루팅 확률이 높아지는 것은 아니었다. '운이 좋아야 뿌리를 내리는 게 아닐까' 생각하며 정답을 도출하지 못한 요코마치의 고뇌는 헤아리고도 남는다. '늪에 빠진 듯했던 루팅 경력'이라는 제목을 붙인 이번 기획에서는 그 늪을 아는 괴근 맹자의 지혜를 모아 34쪽의 핵심들을 정리했다. '기적 같은 90퍼센트 루팅 성공률'의 열쇠는 성실하게 노력한 결과가 아닐까 생각한다.

파키푸스는 그락실리우스 등과 달리 평평한 적토(점토질)에 자생한다고 한다. 여름의 우기에는 고온 다습해지는 곳으로, 파키푸스는 결코 물을 싫어하지 않는다는 것을 알 수 있다. 요코마치가 오랜 루팅 경험을 통해 도출한 정답은 낮 기온 35도, 밤 기온 25도 이상, 습도 100퍼센트이며, 이것은 마다가스카르의 우기를 이상적인 루팅 환경이라고 생각한 결과이다.

절단면에서 확실히 뿌리가 나왔다!

오퍼큐리카야 파키푸스.

루팅 실험

수경재배를 통한 루팅 추론에 따라 2019년 3월부터 루팅 실험을 시작했다. 현지에서 벌크 개체(루팅 관리 중인 개체)를 20개 정도 제공받아 세 명의 애호가들이 각자의 환경에서 루팅에 도전했다. 환절기에 기온 변화가 커서 재배 환경을 관리하는 데 많은 시행 착오를 겪었다. 이 책의 제작 기간 내에 이뤄진 제한적인 기록이지만 추론의 검증 결과로 소개하고 싶다.

1. 루팅은 '개체의 생체'에 좌우된다!

개체의 상태에는 차이가 있었다. 한 달 먼저 수입되어 이미 화분에서 루팅 관리에 들어간 개체도 있는가 하면 두 달 이상 화분에서 관리 중이었지만 발아하지 않은 개체도 있었다. 또 일단 발아는

발아 후에 말라 버린 뿌리

했지만 몇 주가 지나 잎이 말라 버린 개체도 있는 등 20개체의 상태는 제각각이었다.

화분에서 꺼내자 마른 곁뿌리가 보이는 개체도 있었지만 모두 뿌리를 내리지 못한 상태였다.

2. 건조는 금물! 개체의 보존 환경

이번 실험에서 수입 개체를 제공해 준 업자들은 모두 루팅 경험이 풍부했고 제공 시점 이전까지의 관리도 완벽했다. 하지만 모든 개체가 뿌리를 내리진 않았다. 그중에서 수입 시점부터 마르지 않게 관리한 개체는 루팅 성공률도 높았다. 설령 잎이 났다고 해도 아직 뿌리를 내리지 않은 개체도 적지 않으므로 주의가 필요하다.

3. 밑동 확인! 살아 있는 조직을 찾아라!

밑동을 확인하고 물을 빨아올릴 수 있는 신선한 조직인지 판단한다. 일단 물이 위로 올라가는 것이 우선이다.

○
△
×

뿌리의 상황은 제각각이다. 주근이 거의 썩어 있는 경우도 있다. 살아 있는 형성층까지 절단하고 나무의 향을 맡아 판단하자. 아직 살아 있다면 산뜻한 나무 향이 난다. 이 시점에서 개체의 30퍼센트에서는 생체를 발견하지 못했다. 아쉽다!

4. 야자매트 사용법

수경 배지는 야자나무 섬유를 절단한 것으로 택했다. 보습성이 좋고 적절한 공기층도 만들 수 있다.

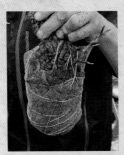

5. 약제 사용법

개체 절단면의 살균보다도 용액이 잡균 때문에 부패되지 않게 하는 것이 더 중요하다. 용기의 아랫돌로 제올라이트를 사용하면 살균 작용을 기대할 수 있고 에어레이션을 통해 산소를 풍부하게 공급하는 것이 좋다. 하지만 온도가 높아서 박테리아의 번식이 활발해지기 때문에 절화보존제가 효과적일지도 모른다.

수경재배를 하면 2~3주간은 물이 탁하고 나무 성분 때문에 끈적끈적하다. 거북이 수조처럼 악취도 난다. 생체가 없는 개체 단면에 잡균막 같은 것이 생겼다. 살아 있는 개체에는 없었다. 나무가 항체 물질이라도 내뿜고 있는 걸까?

6. 발아!

개체에 물이 올라가고 형성층이 활성화되면 가지 끝이나 개체 표면에 연두색 생장점이 발견된다. 이것이 바로 잎눈이다. 순조롭게 생장하면 잎이 3장 나는데 이 시점에서 밑동에 개체가 뿌리를 내릴 조짐은 보이지 않는다. '발아와 루팅은 동시에 일어난다'는 가설도 있지만, 이번 실험에서는 뿌리가 더 늦게 내렸다.

Wowwwwwww!

반응이 빠른 개체는 2주 정도 만에 변화를 보였다! 줄기 표면과 가지에서 차례로 발아가 시작되었다! 하지만 잎이 나왔다고 해서 뿌리도 반응했다고 단정할 순 없다. 방심은 가장 큰 적이다!

이때까지 20개체 중 10개체에서 생체가 확인되지 않아 폐기했다.
개시 8시간 만에 4개체가 발아했고 2개체가 뿌리를 내렸다!

7. 루팅까지 일어난 이런저런 일들

기온이 높은 시기에 습도 100퍼센트로 관리하면 몸통이나 가지에 곰팡이가 생길 때가 있다.
발아한 개체와 발아하지 못한 개체를 비교해 봤더니 발아하지 못한 개체에 흰 곰팡이가 생겼다. 가지에서 생체 반응이 일어난 것은 곰팡이도 잘 생기지 않는 듯하다.

발아 후에는 기온을 30도로 내려서 관리한다. 물에서 나던 악취도 사라졌다.

단면의 형성층에서 흰 부분을 발견했다! 이것이 바로 뿌리다.

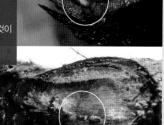

8. 루팅!

개체 단면에 하얀 형성층이 보이면 뿌리를 내리기 시작했다는 뜻이다. 발아보다 3주 정도 늦었다. 루팅이 시작되었음을 확인한 다음 야자매트로 싸서 플라스틱 화분에 꽂아서 고정시켰다. 야자매트가 움직이면 생장 중인 뿌리가 다칠 수도 있다.

발아 후 80일째(루팅 후 40일째) 드디어 가지가 뻗기 시작했다!

9. 옮겨 심기

잎 부분에 새로운 줄기가 나면 루팅도 순조롭다는 증거다. 뿌리가 나는 기간에는 수위를 서서히 낮추면서 수분과 산소를 확실히 공급하는 것이 중요하다.
수경에서 개체가 안정되면 때를 봐서 손상되지 않도록 조심히 옮겨 심는다. 이번 실험에서는 이 단계까지 이르지 못했지만, 야자매트를 두른 채로 배양토에 묻고 그대로 한 계절 정도 관리하는 것이 좋다.

이 루팅 검증을 통해 파키푸스의 성질의 일부를 확인할 수 있었다. 여기에는 오래전부터 유통되어 온 선인장 같은 식물을 루팅시키는 방식으로는 관목계 괴근식물을 높은 확률로 루팅시킬 수 없다는 점도 포함된다. 하지만 수경이 최선의 방법이라고 단언할 수 있는 단계에는 이르지 못했다. 흙 속의 상황은 보이지 않으니 신에게 맡겨야 한다고 덮어 두는 시대는 끝내야 할 것이다. 이 책에서 다룬 수경재배법은 계속 보강해서 새로운 정보와 함께 소개하고 싶다.

편집부 수경 루팅 검증팀

관목계 괴근식물 재배의 기본

Ⓚ

관목계 괴근식물 중에는 건조에 잘 견디는 품종이 많고, 화분에 심어서 확실히 뿌리를 내린 개체는 비교적 관리가 어렵지 않다. 화분에 심어서 키우면 주근이 굵어지지 않기 때문에 가는 뿌리가 마르지 않도록 관리하는 것이 핵심이다. 여름철에는 선인장이나 다른 다육식물에 비해 물을 확실하게 주어야 한다. 겨울철에도 가는 뿌리가 마르지 않을 정도로 신경 써서 물을 준다. 햇빛을 좋아하기 때문에 빛이 잘 드는 곳에 화분을 두고, 잎을 충실하게 키우면 멋진 개체로 생장한다.

1 | 생장 사이클

관목계 괴근식물은 목본(줄기나 뿌리가 비대하고 질이 단단한 식물 –옮긴이)이며 자생지에서는 키가 중간 정도 되는 나무로 생장한다. 대부분 봄부터 여름에 걸쳐 잎이 나고 늦가을에는 낙엽이 진다. 매년 가지가 뻗지만 몸통의 둘레가 굵어지는 데는 10년 단위의 시간이 필요하다.

2 | 식재 및 루팅

해외에서 아직 뿌리를 내리지 않은 벌크 상태로 수입되는 것이 많으며 파키푸스가 대표적이다. 관목계 괴근식물은 괴경에 수분과 양분을 비축하고 있는데, 모종에는 뿌리가 거의 없어서(채취 당시 잘렸기 때문) 루팅시키기가 쉽지 않다.

옮겨 심기
화분에 심겨 있는 개체를 구입했을 때에는 현재 뿌리의 상황을 정확히 가늠하기 어렵다. 관목계 괴근식물은 화분에 심었을 경우에는 주근이 잘려 있기 때문에 매년 잔뿌리를 뻗는다. 화분을 두드렸을 때 꽉 들어찬 소리가 나거나(플라스틱 화분의 경우) 물 빠짐이 좋지 않다고 느껴진다면 옮겨 심을 필요가 있다. 화분에 심겨진 식물을 구입하자마자 곧바로 다른 화분에 옮겨 심으면 식물에게 큰 부담을 줄 수 있으므로 자제하는 것이 좋다. 식물이 새로운 환경에 적응해서 생장하는 것을 확인하고, 분형근(둥글게 분포된 뿌리 –옮긴이)의 상황을 파악하고 나서 옮겨 심을지 말지 판단하는 것이 좋다.

비료
옮겨 심었을 때나 꽃을 피운 후처럼 개체가 체력을 쓰는 시기에는 적정량의 화성 비료를 준다. 용토 표면에 두는 과립형 화성 비료는 물을 자주 주는 봄부터 여름에는 한두 달 만에 효과가 사라진다. 빠른 효과를 보여주는 액체 비료는 용토에 머무는 성분이 적기 때문에 정기적으로 살포할 필요가 있다.

3 | 장소

햇빛
낮에는 직사광선이 닿는 곳이나 처마 밑에서 관리한다. 비가 들이치지 않는 곳이 좋다. 기온이 높은 여름철에는 노지에서도 키울 수 있다. 확실하게 햇빛을 쪼여서 괴경에 양분을 비축하고 겨울 휴면기에 대비한다.

통풍
창문을 닫아 둔 실내 등에서 장기간 관리하는 것은 피하고 바람이 통하는 밝은 곳에 둔다.

온도
잎이 단단한 식물은 온도 변화에도 강하다. 잎이 얇고 부드러운 품종은 최저 온도를 5~10도 정도로 관리하는 것이 좋다.

Ⓘ

4 │ 물 주기

건기에는 비가 거의 내리지 않는 지역에서 자생하지만 생장기에는 물을 좋아한다. 땅속 깊이 주근을 내리고 우기에 수분을 빨아들인다. 이런 종은 대부분 땅속에도 파워 탱크(괴근)가 있어서 수분을 비축할 수 있다. 하지만 화분에 심은 식물에서 파워 탱크가 생기려면 꽤 오랜 시간이 필요하다. 작은 화분에서 키울 때에는 과습에 주의해야 한다고 말하는 사람도 있지만, 물 빠짐이 좋은 흙을 사용하면 생장기에 개체를 충실하게 키울 수 있다.

5 │ 번식시키는 법

종자를 얻어서 실생 모종을 만들 수 있다. 새로운 가지를 삽목할 수도 있다.

6 │ 여름나기와 겨울나기

여름나기
겨울에 실내에서 키우던 식물을 베란다 같은 실외로 꺼내는 타이밍을 잡기가 어렵다. 새싹이 나오고 개체가 활동을 시작했다 하더라도 갑자기 기온이 떨어졌을 때 물을 주면, 새 뿌리가 나오지 않은 경우라면 뿌리가 썩기도 한다. 기온이 오르거나 새 잎이 나는지 확인하면서 조금씩 물의 양을 늘리는 것이 중요하다.

겨울나기
겨울에는 15도 이상에서 관리하는 것이 이상적이다. 특히 화분 안쪽의 온도가 떨어지면 뿌리가 상하므로 한 달에 한두 번은 가볍게 물을 주고 뿌리가 마르지 않게 관리한다. 가을에는 낙엽이 지지만 괴경 표면에서는 약간의 광합성도 이루어지므로 낮에는 밝은 곳에 두는 것이 좋다. 뿌리가 가늘기 때문에 휴면기(겨울)에 뿌리가 상하면 휴면기가 끝나고 새로운 뿌리가 나는지 확인해야 한다.

7 │ 문제점

뿌리 내린 개체를 관리하기는 어렵지 않다고 말하는 사람이 많지만 완전하게 뿌리를 내린 개체를 구입할 때의 문제점도 적지 않다. 일단 뿌리를 내렸다 하더라도 환경 변화가 개체에 부담을 줄 수 있다. 화분을 온실에서 실내로 옮길 때에는 기온차에 주의해야 한다. 겨울철 밤 기온이 갑자기 떨어져 남아 있던 잎이 급격하게 떨어질 때가 있다. 뿌리를 보호하기 위해 최소한의 물은 줘야 하고, 화분의 온도가 10도 이하로 떨어지지 않아야 다음해에 새싹이 날 수 있다.

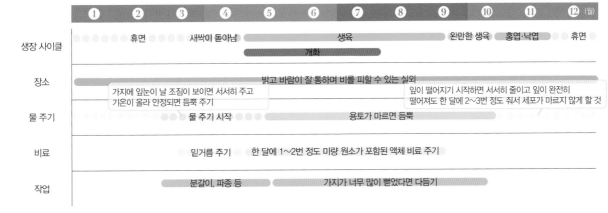

관목계 괴근식물 재배 캘린더

		①	②	③	④	⑤	⑥	⑦	⑧	⑨	⑩	⑪	⑫ (월)
	생장 사이클	휴면		새싹이 돋아남		생육					완만한 생육	홍엽·낙엽	휴면
					개화								
	장소			밝고 바람이 잘 통하며 비를 피할 수 있는 실외									
	물 주기			물 주기 시작			용토가 마르면 듬뿍						
	비료			밑거름 주기	한 달에 1~2번 정도 미량 원소가 포함된 액체 비료 주기								
	작업			분갈이, 파종 등		가지가 너무 많이 뻗었다면 다듬기							

가지에 잎눈이 날 조짐이 보이면 서서히 주고 기온이 올라 안정되면 듬뿍 주기

잎이 떨어지기 시작하면 서서히 줄이고 잎이 완전히 떨어져도 한 달에 2~3번 정도 줘서 세포가 마르지 않게 할 것

한여름 직사광선 아래에서는 잎이 타기도 하지만 가능한 한 빛이 잘 드는 곳에서 관리한다. 뿌리를 내리고 수년이 지난 개체에는 괴근이 형성되므로 휴면기에 단수해도 견딜 수 있지만, 뿌리를 내린 지 1년이 안된 개체는 휴면기에도 가는 뿌리가 마르지 않을 만큼 물을 줘야 쉽게 말라 죽지 않는다. ※관동지방 평야부 기준

파키푸스 분갈이 협력 Kemuriradio

안정기에 접어든 봄이 적기다. 기온이 너무 높은 한여름
에는 분형근이 짓무를 위험이 있으므로 주의한다.

준비물 배양토, 삽, 가위, 젓가락, 화분 바닥 그물망

1 화분 바닥을 확인한다.
삐져나온 뿌리는 자른다.

2 화분 옆면을 주먹으로 두드려 분형근을 느슨
하게 만든 다음 꺼낸다. 개체를 무리해서 꺼내
면 잔뿌리가 끊어지므로 주의한다.

3 화분 바닥에 닿은 마른 갈색 잔뿌리는 제거한다. 주근이 될 뿌리에는
파워 탱크가 자라는데 이것을 잘라서 뿌리 꺾꽂이를 할 수도 있다.
개체의 컨디션에 맞춰 판단한다.

4 화분 바닥에 그물망을 깔고 흙을 채워 넣는다.
개체의 위치(높이)를 확인한다.

5 개체와 화분 사이에 흙을 넣는다. 화분 안쪽을 따라 주걱이나 가느다란 봉을 꽂아서 빈틈 없이 흙을 넣어 뿌리를 안정시킨다. 화분 옆면을 두드려도 좋다.

6 화장토를 표면에 장식하고 마무리한다.

7 물을 채운 양동이에 화분을 넣어 흡수시킨다. 화분에 심은 후 1~2주 동안은 분형근이 물크러지지 않게 주의하고 직사광선을 피해서 관리한다.

완성

Pachypodium
파키포디움속

그락실리우스를 아는 것은
곧 괴근식물을 아는 것

파키포디움은 협죽도과에 속하고 괴근이 거대해지는 종이
많다. 속명은 'pachys(굵은)+pous(다리)'에서 유래한다.
줄기에는 날카로운 가시가 촘촘하게 돋아 있다. 노란색, 흰
색, 복숭아색, 붉은색 꽃이 피며 꽃부리는 모두 협죽도처럼
다섯 갈래로 나뉜다.

몸통이나 줄기에 상처가 나면 흰 수액이 나오는데 여기에는
껍질 성분이 포함되어 있어 상처난 곳을 굳힌다. 이 수액에
는 모든 협죽도과 식물에 있는 알칼로이드계 혈액독이 들어
있기도 하다. 한편, 게아이나 라메리 같은 고성종의 수액은
마다가스카르 주민들이 사냥이나 여행을 할 때 갈증을 해소
시켜 준다. 약간 쓴맛이 나는데 이를 좋아하는 사람들이 많
은 듯하다.

열대 및 아열대권에 분포하며 아프리카 남부에 5종, 마다가
스카르에 15종 정도가 분포한다. 저목 내지는 소고목의 광
엽수가 자생하며 6미터 이상 생장하는 종도 있다. 줄기가 비
대해지는 항아리 모양, 병 모양 등 괴근의 종류는 생장하면
서 달라지기도 하고 자생하는 곳의 영향도 받는다. 데카리처
럼 긴 줄기를 가진 것도 있고, 비스피노숨처럼 땅속에 커다
란 괴근이 자라거나 브레비카울처럼 줄기는 퇴화하고 둥근
모양으로 다육화하는 것도 있다.

해발이 낮은 건조지부터 해발이 높은 바위 지대까지 자생지
환경에는 큰 차이가 있다. 대부분의 식물은 우기와 건기가
확실히 구분되는 곳에 자생하지만 연중 춥고 서늘한 지대에
는 소형종이 분포한다. 이처럼 각각의 종마다 좋아하는 환경
이 서로 다르다는 것을 알 수 있다.

일본에서 파키포디움을 재배한 역사는 그리 길지 않다. 일본
에서는 협죽도과의 항아리 식물이라고 해서 '항아리 죽도'라
는 일본식 속명도 있고, '에비스 미소(P. brevicaule)', '광동
(P. namaquanum)' 같은 일본식 이름으로 유통되고 있다.
번식은 새싹을 접목시키는 눈접 혹은 실생 재배를 통해 가능
하며 일본에서 채취한 실생 개체도 많이 유통되고 있다. 뿌
리가 잘린 채 수입되는 벌크 개체는 겉모습에 야생의 정취가
남아 있지만 국내에서 실생 재배된 개체는 자근(自根)이 있
으며 모양도 정돈된 경우가 많다.

4년 된
순수 국산 개체

일본 최대급의 그락실리우스로 직경 41센티미터, 높이 65센티미터다. '샤보텐 옥션 일본'의 구리하라 토고 씨가 소유한 개체다.

Madagascar
마다가스카르

Pachypodium gracilius
그락실리우스 (상아궁)

2010년대 중반부터 파키포디움뿐만 아니라 코덱스 중에서도 절대적인 인기를 얻었다. 이살로, 마카이 등 마다가스카르 중남부 고원에 분포한다. 가시가 바늘 모양으로 밀집해 있고 공 모양의 괴경에서 곧게 가지가 뻗는 로즐라툼의 아종이다. 굵고 둥근 몸통이 매력적이고, 개체가 어릴 때 자랐던 가시가 생장하면서 점차 떨어져나가 표피가 매끄러워진다. 부드러운 색감의 흰 표피 때문에 '상아궁'이라고도 불린다. 마다가스카르 남쪽 근처의 고지대가 원산지이며 파키포디움 중에서는 비교적 저온에 강한 종이다. 가온하지 않고 겨울을 날 때에는 가능한 한 햇빛을 장시간 쬐어 주고 비나 바람에 노출되지 않는 환경에서 관리한다. 생육이 시작되면 흙이 마를 때마다 물을 충분히 준다. 가을철에는 10월에 접어들어 기온이 떨어지면 물의 양과 빈도를 서서히 줄이고, 낙엽이 지기 시작하면 물 주기를 멈춘다. 봄에는 3월 전후부터 기온 상승에 맞춰 물을 조금씩 주기 시작한다.

가지가 철화된 개체

Ⓢ

Pachypodium brevicaule

브레비카울

마다가스카르 중부와 수도인 안타나나리보부터 피아나란초아에 걸친 지역, 이토레모 산맥, 이비티 산맥 등에 분포한다. 분포 지역은 해발 1400~2000미터의 고지대로, 건조한 지역과 다소 습윤한 지역이 섞여 있다. 이토레모 산맥에서 자란 개체와 이비티 산맥에서 자란 개체는 서로 모양이 다른데, 이토레모산 개체의 줄기, 가지, 잎이 더 작다. '줄기가 짧다'는 뜻의 이름처럼 굵고 짧은 가지가 옆으로 나는 땅딸막한 모양이다. 일본에는 1950년대 후반부터 수입되었다. 자생지에서는 바위 틈에 뿌리를 억지로 밀어넣듯이 자라며 직경이 80센티미터나 되는 원반 모양으로 퍼지는 것도 있다. 수입된 현지 개체는 일본의 고온 다습한 환경에서 뿌리가 상해 말라 버리기도 해서 라메리 등을 대목으로 접목하기도 한다. 실생으로 자란 개체는 습도가 높은 환경에도 잘 적응해서 많이 유통되고 있다.

Pachypodium eburneum

에부르네움 (에버넘)

마다가스카르 중부 바키난카라트라주에서만 발견되고 있다. 해발 1500~2000미터의 건조한 삼림이나 바위 표면 등에 자생한다. 파키포디움치고는 비교적 최근인 1993년에 발견되어 1997년에 단독종으로 논문에 실렸고, 1998년에 로즐라툼의 아종으로 분류되었다. 종소명인 eburneum은 '상아색'을 의미하고 이름처럼 흰 꽃을 피운다.

Pachypodium densiflorum brevicalyx

브레비칼릭스

마다가스카르 중부의 비교적 해발이 높은 지역이 원산지다. 형질은 덴시플로럼처럼 땅딸막하다고 생각하면 된다. 덴시플로럼과 브레비칼릭스의 자생지는 가까워서 단순히 환경이 달라서 개체 간에 차이가 발생하는 것은 아니라는 의견도 여전히 존재한다. 또한 서로의 자생지 중간에는 덴시플로럼과 브레비칼릭스의 중간 특성을 가진 개체도 발견되기 때문에 구별하기가 어렵다.

Pachypodium roslatum var.inopinatum

이노피나툼

마다가스카르 중부, 마하장가주의 해발 1000~1500
미터에 분포한다. 로즐라툼의 아종이며 잎의 폭이 좁
다. 흰 꽃이 핀다는 점이 표준적인 로즐라툼과의 가장
큰 차이다. 로즐라툼은 파키포디움 중에서는 키우기
쉬운 편이지만, 이노피나툼은 자생지가 고지대이기도
해서 고온 다습한 일본의 여름에는 다소 취약하다. 흰
꽃을 피우는 종에는 에버넘이 있는데 가시의 길이나
꽃받침의 모양으로 구별할 수 있다.

©WALTER RÖÖSLI

K

Pachypodium rosulatum

로즐라툼

노란꽃이 피는 대표적인 마다가스카
르산 파키포디움이다. 마다가스카르
해안을 따라 해발 1000미터까지 넓
은 범위에 걸쳐 분포한다. 꽃은 순황
색이며 화관통이 길고 꽃송이가 크
다. 가시는 원뿔 모양이며 드물게 바
늘 모양인 것도 있다. 생장점 부근은
가시로 덮여 있고, 줄기의 중간 정도
부터 흙에 닿은 부분까지는 매끄럽
다. 지역에 따라 변이가 많고 아종으
로 분류되는 것도 많다.

A

Pachypodium horombense

호롬벤세

마다가스카르 북부의 해발 0~1500미터 지역에 넓게 분포한다. 높이는 최대 1.5미터 정도이며 파키포디움치고는 소형이다. 두툼한 줄기에서 수많은 가지가 뻗고 줄기와 가지에 가시가 많다. 잎은 타원형이고 잎 뒷면에는 가느다란 털이 나서 촉감이 마치 펠트 같다. 꽃은 매달린 종 모양이며 꽃봉오리가 다섯 갈래로 나뉘는 것이 특징이다. 꽃을 보면 곧바로 호롬벤세임을 알 수 있지만 꽃이 없는 상태에서는 로즐라툼과 구별하기가 어렵다. 꽃이 크고 아름답다.

Pachypodium cactipes

칵티페스

마다가스카르 남부의 톨라나로(옛 명칭은 포르도팽)를 중심으로 한 지역의 삼림에 분포한다. 주변에는 알로에 쇼메리나 바케리, 유포르비아 밀리(꽃기린) 등이 자라며, 하루종일 햇빛이 잘 드는 암장 위에 자생한다. 종소명은 '선인장 같은 다리'를 의미한다. 로즐라툼의 아종이며 꽃은 순황색이고 굉장히 크다. 가시는 바늘 모양이며 가지런하게 난다. 로즐라툼의 표피는 상아색에 가까운 흰색이지만 칵티페스는 야성미가 느껴지는 붉은색을 띤다.

Pachypodium makayense
마카엔세 (마계옥)

비교적 최근인 2004년에 발견된 새로운 종이다. 마다가스카르 서안으로 흘러들어가는 만고기강 상류, 국립공원으로 유명한 이살로의 북방 50킬로미터에 위치한 마카이 계곡에만 자생한다. 당초에는 독립된 종으로 기재되었지만 지금은 로즐라툼의 아종으로 취급될 때가 많다. 로즐라툼과 마찬가지로 노란 꽃이 피지만 가운데가 흰색이며 꽃봉오리가 매우 크다. 크기가 작을 때에는 괴경에서 짧은 가지가 나오지만 생장할수록 점점 옆으로 퍼지게 된다. 최근에 발견되거나 일본에 새롭게 수입된 식물에는 원예명을 붙이는 경우가 드물지만 마카엔세에는 '마계옥'이라는 원예명이 붙여졌다.

Pachypodium rosulatum Mandritsara
만드리차라

로즐라툼의 아종이다. 마다가스카르 남부 내륙 마을인 만드리차라 근교에서 채취되었다. 표준적인 로즐라툼이나 그락실리우스에 비하면 가시가 많고 잎이 좁다. 충분히 생장하지 않은 개체는 로즐라툼이나 다른 변종과 구별하기가 어렵다.

Pachypodium 'Tackyi'
타키 (덴시플로럼×호롬벤세)

덴시플로럼의 축엽(식물의 잎이 쭈그러드는 현상 – 옮긴이) 원예 품종이다. 잎은 쭈그러들어 두껍고 폭이 좁다. 잎이 쭈그러든 품종이라고는 하지만 타키라는 이름을 가진 개체 중에 잎이 매끄러운 것도 유통되고 있다. 어떻게 교배해서 만들어진 품종인지는 불분명하지만 꽃의 모양은 덴시플로럼과 흡사하다. 일본에서 만들어진 품종이며 영문 표기명인 '타키'의 유래는 정확히 알려져 있지 않다. 어릴 때에는 표면에 짧은 가시가 많고 줄기가 관 모양으로 자란다. 생장 속도는 느리다.

Pachypodium baronii var. windsorii

원저리

마다가스카르 안치라나나주와 마하장가주에 분포한다. 바로니의 변종(혹은 아종)으로 여겨지며 바로니에 비해 작고 다부지며 몸통이 더 둥글고 뚱뚱한 경우가 많다. 또 바로니에 비하면 이른 시기부터 가지가 갈라지기 때문에 봉긋한 수형을 즐기기 좋다. 바로니와 마찬가지로 선명한 붉은색 꽃을 피워서 인기가 많다. 원저리의 가장 큰 매력인 꽃에도 차이가 있는데, 바로니의 꽃잎은 끝이 뾰족한 반면 원저리의 꽃잎은 둥근 원형에 가까우며 꽃의 중심부가 노란색부터 아주 옅은 녹색을 띤다. 개체의 크기가 작을 때부터 비교적 꽃이 잘 피는 경향이 있다. 멸종 직전의 희귀종으로 일본에서는 실생으로 번식시킨 매우 적은 수량이 유통되고 있다. 개체의 크기가 작은 종이기 때문에 잘 관리해도 크기가 아주 커지진 않으며 생장 속도가 매우 느리고 추위에 약하다. 물과 비료를 너무 많이 주면 웃자라거나 개체가 상하기 때문에 주의하는 것이 좋다.

Pachypodium baronii

바로니

마다가스카르 북서부 베판드리아나주부터 만드리차라에 분포한다. 해발이 낮은 건조림의 척박한 토양이나 바위 위에 자생한다. 바로니는 1907년에 파키포디움속으로 최초 기재된 종이다. 흙과 닿은 부분부터 항아리 모양으로 괴경이 부풀어 제일 윗부분에서 가지가 갈라지는 형태가 된다. 개체의 크기가 작을 때부터 큰 가시가 나기 때문에 쉽게 판별할 수 있다. 그락실리우스 등은 표면이 매끄러운데 반해 바로니는 주름이 지면서 거칠거칠해진다. 파키포디움속 중에서 드물게 붉은 꽃을 피운다는 점이 바로니의 가장 큰 매력이다. 밤 기온이 15도를 넘으면 실외에 내놓아 가능한 한 직사광선에 노출시켜 키운다. 너무 자주 물을 주면 가지가 길어지기도 한다. 물을 적게 줘야 콤팩트한 수형을 만들 수 있다.

Pachypodium lamerei

라메리

마다가스카르의 건조한 지역에 분포한다. 건조한 삼림, 모래나 바위가 전부인 황무지, 암반이 노출되어 있는 언덕 등에 자생한다. 해발 0~1500미터의 넓은 지역에 적응해서 자생한다. 가시가 난 몸통은 항아리처럼 부풀지 않고 위로 뻗어 나간다. 자생지에서는 높이가 6미터까지 자라기도 하며 꼭대기에서 잎을 크게 펼친 모습 때문에 '마다가스카르 야자'라는 이름으로 유통되기도 한다. 다양한 환경에서 자생한다는 점에서 알 수 있듯이 성질이 아주 강하고 빠르게 자란다. 브레비카울처럼 일본의 고온 다습한 환경에서 잘 자라지 못하는 종을 접목할 때 대목으로 사용되기도 한다. 생육기에는 비를 맞을 수 있는 옥외에서 잘 자란다.

Ⓢ

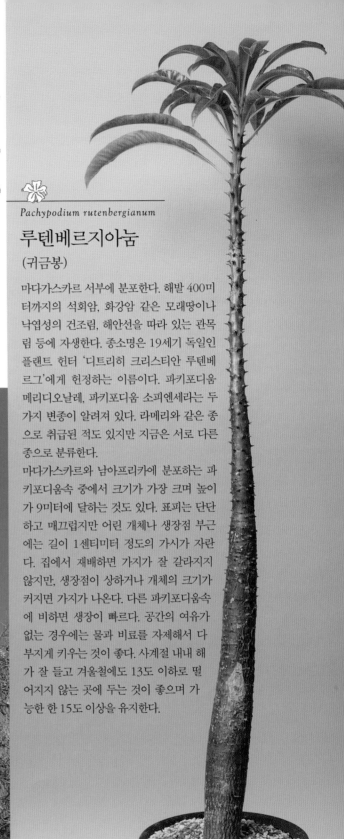

Pachypodium rutenbergianum

루텐베르지아눔
(귀금봉)

마다가스카르 서부에 분포한다. 해발 400미터까지의 석회암, 화강암 같은 모래땅이나 낙엽성의 건조림, 해안선을 따라 있는 관목림 등에 자생한다. 종소명은 19세기 독일인 플랜트 헌터 '디트리히 크리스티안 루텐베르그'에게 헌정하는 이름이다. 파키포디움 메리디오날레, 파키포디움 소피엔세라는 두 가지 변종이 알려져 있다. 라메리와 같은 종으로 취급된 적도 있지만 지금은 서로 다른 종으로 분류한다.

마다가스카르와 남아프리카에 분포하는 파키포디움속 중에서 크기가 가장 크며 높이가 9미터에 달하는 것도 있다. 표피는 단단하고 매끄럽지만 어린 개체나 생장점 부근에는 길이 1센티미터 정도의 가시가 자란다. 집에서 재배하면 가지가 잘 갈라지지 않지만, 생장점이 상하거나 개체의 크기가 커지면 가지가 나온다. 다른 파키포디움속에 비하면 생장이 빠르다. 공간의 여유가 없는 경우에는 물과 비료를 자제해서 다부지게 키우는 것이 좋다. 사계절 내내 해가 잘 들고 겨울철에도 13도 이하로 떨어지지 않는 곳에 두는 것이 좋으며 가능한 한 15도 이상을 유지한다.

Ⓢ

Pachypodium ambongense
암본젠세

마다가스카르 북서부, 소알랄라 교외에 있는 나모로카 특별보호구의 극히 제한된 구역에서만 자생한다. 종소명은 나모로카 특별보호구역의 다른 이름인 'Anbongo'에서 유래했다. 1924년에 발견되었으며 그 후 현지에서는 멸종했다고 여겨졌지만 1990년대에 개체군이 재발견된 매우 희귀한 종이다. 일본에서 유통되는 개체는 대부분 실생으로 만들어진 것이다. 라메리나 게아이에 비하면 생장이 꽤 느리다. 생육기에 물을 많이 주면 생육 속도는 빨라지지만 웃자라거나 뿌리가 썩거나 수형이 틀어질 수 있으므로 주의가 필요하다. 개체가 어릴 때에는 비교적 물을 좋아한다. 암본젠세는 파키포디움속 중에서도 특히 저온을 싫어하는 종이다. 겨울에는 최저 12도 이상을 유지해서 관리한다. 가능한 한 15도 이상을 유지해야 개체가 건강하게 자란다. 겨울철 휴면기를 포함해 1년 내내 빛이 잘 드는 곳에 둔다. 생육기에는 흙이 마르면 물을 듬뿍 주고, 가을에 접어들면 서서히 물을 줄이고 겨울에는 아예 물을 주지 않는다. 비료를 주거나 물을 많이 준 개체는 너무 오랫동안 물을 안주면 몸통이 움푹하게 꺼질 수 있다. 그럴 때에는 맑고 따뜻한 날 오전 중에 물을 주고 밤까지 여분의 물을 말린다. 봄이 되어 잎눈이나 꽃잎이 나오기 시작하면 소량의 물을 준다. 개체가 점차 생장하면 물의 양을 늘리고 물 주기 간격을 줄여나가도 좋다.

Pachypodium lamerei var. *fiherenense*
피헤렌세

마다가스카르 남서부, 툴레아 부근을 흐르는 피헤레나나강 유역에 분포한다. 라메리의 아종이지만 라메리가 호리호리한 직선형인 데 반해 피헤렌세는 어릴 때부터 불룩하고 둥글게 부푼다. 또 라메리가 최대 4미터 정도까지 생장하는 데 반해 피헤렌세는 최대 1.5미터밖에 자라지 않고 생장도 느리다. 개체의 형태나 높이에는 차이가 있지만 가시가 나는 방식이나 꽃의 모양 등은 똑같다. 사계절 내내 양지에서 관리하고, 겨울에는 저온에 노출되지 않도록 한다. 겨울철에도 가능한 한 빛을 잘 쬐어주는 것이 좋다.

Pachypodium decaryi
데카리

마다가스카르 북부, 앙카라나 특별보호구역을 포함한 구역이 원산지다. 석회암 암반 위에 자생하는 경우가 많다. 자생지에서는 지상부에 뚱뚱한 괴경이 형성되고, 꼭대기에서 위로 뻗는 가지가 난다. 가시가 없어 표피는 매끄러우며 언뜻 아데니움처럼 보인다. 마다가스카르 서부가 원산지인 암본젠세와는 남북으로 떨어진 곳에서 자생하지만 그 중간 지역에서 두 종의 교배종처럼 보이는 중간종이 발견된다. 개체가 충분히 생장하면 희고 큰 꽃이 핀다. 또 몸통이나 가지에 크고 넓은 잎이 나기 때문에 생육기에는 생기 있는 모습을 즐길 수 있다.

©WALTER RÖÖSLI

Pachypodium enigmaticum

에니그마티쿰

최근인 2014년에 발견된 새로운 종으로 기재되어 있다. 마다가스카르 중앙 고지대, 해발 1000미터 전후 지역에서 자생한다. 5센티미터 정도의 큰 꽃을 피우며 가운데 있는 암꽃술이 튀어나온 것이 특징이다. 일본에는 최초 발견자인 파벨카가 접목한 실생 모종이 들어왔다. 현지 자생 개체는 브레비카울처럼 구형이지만 일본에서 그 형태를 유지하며 재배하기는 어렵다고 한다.

실생 개체

현지 자생 개체

Pachypodium densiflorum

덴시플로럼

마다가스카르 중부에서 북서부 내륙의 해발 500~2000미터까지 넓게 분포한다. 화강암 암반이 드러난 언덕이나 화강암 표면, 건조한 삼림 지대 등에 자생한다. 개체마다 차이가 큰데, 이는 자생하는 지역이나 해발이 광범위하기 때문이다. 몸통이 둥글어지는 개체, 원반 모양으로 자라는 개체, 가지가 옆으로 퍼지거나 위로 뻗는 개체 등 다양한 형질이 발견된다. 어느 지역에서 자라든 꽃이 피는 방식은 똑같은데, 하나의 꽃눈에서 여러 개의 꽃이 나며 꽃은 화관통이 짧고 암꽃술이 보이는 구조다.

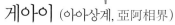

Pachypodium geayi

게아이 (아아상계, 亞阿相界)

마다가스카르 남부가 원산지다. 서해안을 따라 있는 이 파티, 내륙부의 건조 지대인 이소아날라 주변, 비교적 습윤한 안도하헬라 국립공원 주변 등 서로 다른 환경에 분포하는데 모두 해발 500미터 이하에서 자생한다. 개체 전체에 가시가 나 있어 라메리와 흡사하지만 게아이에 비해 잎의 색이 밝고, 잎 중심이 분홍색이 아니라서 쉽게 구별할 수 있다. 또한 라메리의 잎은 털이 자라지 않고 매끄럽다는 점도 다르다. 추위에 약하기 때문에 겨울에는 기온이 15도 이상으로 유지되는 실내에 두는 것이 좋다. 생육기에는 비를 맞아도 잘 자라기 때문에 파키포디움 입문용으로 추천한다.

Pachypodium mikea

미케아

마다가스카르 남서부에 분포한다. 이파티에서 암바토밀로에 걸친 해발 500미터 미만의 건조한 덤불이나 수풀에 자생한다. 현재 기준으로 다섯 곳 정도의 콜로니에서만 발견된다. 이전에는 게이아의 아종으로 분류되었지만 지금은 단독종으로 취급되고 있다. 모양은 게아이와 똑같지만 암꽃술이 튀어나오지 않았으며 꽃잎이 방사형으로 갈라진다.

Africa <small>아프리카 대륙 원산종</small>

대다수 파키포티움속은 원산지가 마다가스카르라고 알려져 있지만 아프리카 대륙 남부 나마콸란드에도 여러 종류가 자생하고 있다. 나마콸란드는 아프리카 남부, 나미비아 남서부부터 남아프리카공화국 북서부에 이르는 지역이다. 대부분 모래와 자갈로 이뤄진 건조지대로, 여름에 내리는 약간의 비를 맞고 많은 꽃이 일제히 핀다고 알려져 있다.

©WINFRIED Bruenken

사운데르시
레알리
나마콰눔
서큘렌툼
비스피노숨

Pachypodium namaquanum

나마콰눔 (광당)

남아프리카의 스테인코프부터 나미비아의 로쉬 피나에 이르는 해발 300~900미터의 바위가 많은 구릉지 경사면에 자생한다. 원산지가 남아프리카부터 나미비아에 이르는 건조 지역인 나마쿠알랜드라서 나마콰눔이라는 이름이 붙었다. 일본에는 1950년대에 수입된 종자의 실생 개체가 유통되었고, 그 후에는 모종도 수입되었다. 수입 당초부터 광당이라는 이름으로 불렀다. 붉은색을 띤 가시와 선명한 녹색 잎의 대비가 아름답다. 선명한 담황색 꽃도 매력적인데 개체가 어느 정도 생장해야 꽃이 핀다. 뿌리가 약한 편이라서 성질이 강한 라메리 등에 접목된 개체도 유통되고 있다.

Pachypodium bispinosum
비스피노숨

남아프리카 남단의 포트 엘리자베스 교외가 원산지다. 작은
돌이 많은 평원이나 완만한 구릉의 기슭 등에 자생한다. 현지
에서는 굵은 괴경부가 거의 땅속에 묻혀 있고 밖으로 살짝 드러난 부분에
서 가지를 뻗는다. 괴경이 파묻힌 상태에서는 가지의 토대에서 뿌리가 나와
서 새끼 그루가 된다고 한다. 가지에 난 가시가 두 개씩 쌍을 이룬다고 해서
'bispinosum(두 개의 가시)'이라는 종소명이 붙여졌다. 자생지인 남아프리
카 최남단은 겨울에 기온이 빙점 가까이 떨어지는 지역이다. 그래서 성숙한
비스피노숨 개체는 일본의 관동지방을 기준으로 서쪽이라면 실외에서 겨울
나기가 가능하다. 더위에도 잘 버티기 때문에 비교적 키우기 쉽다. 비슷한
품종으로 서큘렌툼이 있는데 꽃잎이 작고 약간 짙은 분홍색을 띤다.

Pachypodium lealii
레알리

아프리카 대륙 남서부, 나미비아와 앙고라의 국경을 낀 지역에 분포
한다. 해발 1000미터 이상에 분포하며 '에텐데카'라고 불리는 현무
암이 굴러다니는 황야에 자생한다. 높이가 2~6미터나 되며 일부 자
생지에서는 몸통이 굵어지고 꼭대기가 오므라들어서 '보틀 트리'라
고 불린다. 아프리카 대륙에는 5종의 파키포디움이 자생하고 있는데
레아리는 가장 북쪽에 자생하는 종이다. 일본의 다습한 기후에서는
컨디션이 무너질 때가 있어서 레알리를 대목으로 접목한 개체가 유
통되기도 한다. 물과 비료를 너무 많이 주면 개체가 느슨해져 가시와
가시의 간격이 불규칙해지거나 뿌리가 상해 말라 버리기도 한다. 비
료나 물을 적게 주면서 콤팩트하게 키우는 것을 추천한다.

Pachypodium lealii spp. saundersii
사운데르시 (백마성)

남아프리카 북동부 에스와티니, 짐바
브웨 남부 일대에 분포한다. 빛이 잘
들고 건조한 삼림 지대나 바위 밭 등
에 자생한다. 현재 일본에서는 '백마
성'이라는 원예명으로 불리기도 하는데,
1950년대에 모종으로 도입된 것에는 '백
제성', 1960년대에 종자로 도입된 것에는
'백아성'이라는 이름이 붙었다는 설도 있
다. 사운데르시를 비롯해 아프리카 남부
가 원산지인 파키포디움은 추위에 강한
경향이 있어서 파키포디움 입문용으로 적
합하다.

파키포디움 접목의 기술

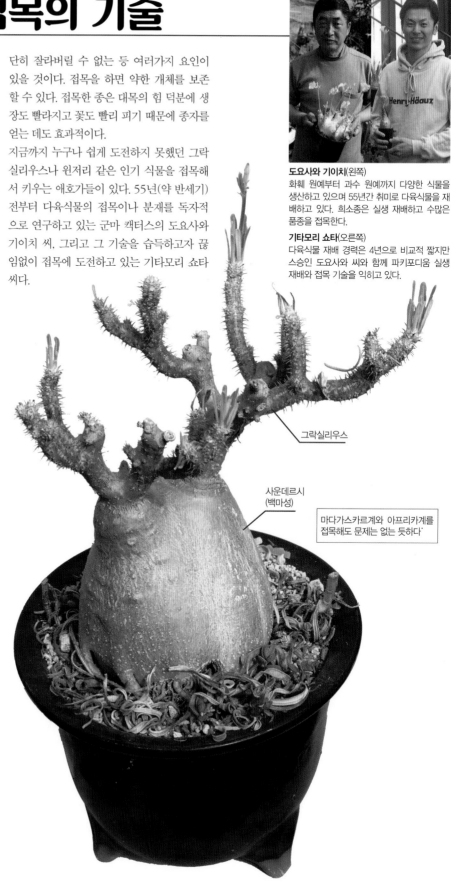

귀중한 파키포디움 개체가 매년 추운 겨울을 나고 건강하게 자라게 하는 것은 결코 쉬운 일이 아니다. '현지 야생 개체는 3년 안에 시들어 버린다'는 업계 전설이 있을 정도다. 봄이 되어 물을 줬더니 몸통(괴경)이 말랑말랑해지고 발육 상태가 악화되었다면 최후의 방법으로 개체의 살아 있는 부분을 다른 종에 이식(접목)해서 연명할 수 있다. 접목은 대목(뿌리가 달린 쪽 식물－옮긴이)의 힘을 빌려 뿌리가 약한 종의 생장을 촉진시키거나 희소종의 씨를 얻기 위해 선인장이나 일반 원예에서도 사용하는 기술이다. 여기에서는 괴근식물인 파키포디움의 접목 기술을 소개하고자 한다.

서로 다른 종을 잇대는 '접목'은 일반적인 원예종이나 선인장 등에는 많이 시도되었지만 파키포디움 같은 괴근식물에는 드물게 사용되는 기술이다. 현지 야생 개체의 모습을 선호하고, 품종에 따라서는 생장도 느리고 개체 자체가 가격이 저렴한 것도 아니기 때문에 간단히 잘라버릴 수 없는 등 여러가지 요인이 있을 것이다. 접목을 하면 약한 개체를 보존할 수 있다. 접목한 종은 대목의 힘 덕분에 생장도 빨라지고 꽃도 빨리 피기 때문에 종자를 얻는 데도 효과적이다.

지금까지 누구나 쉽게 도전하지 못했던 그락실리우스나 윈저리 같은 인기 식물을 접목해서 키우는 애호가들이 있다. 55년(약 반세기) 전부터 다육식물의 접목이나 분재를 독자적으로 연구하고 있는 군마 캑터스의 도요사와 기이치 씨, 그리고 그 기술을 습득하고자 끊임없이 접목에 도전하고 있는 기타모리 쇼타 씨다.

도요사와 기이치(왼쪽)
화훼 원예부터 과수 원예까지 다양한 식물을 생산하고 있으며 55년간 취미로 다육식물을 재배하고 있다. 희소종은 실생 재배하고 수많은 품종을 접목한다.

기타모리 쇼타(오른쪽)
다육식물 재배 경력은 4년으로 비교적 짧지만 스승인 도요사와 씨와 함께 파키포디움 실생 재배와 접목 기술을 익히고 있다.

그락실리우스

사운데르시
(백마성)

마다가스카르계와 아프리카계를 접목해도 문제는 없는 듯하다'

접목의 기본

뿌리가 달린 쪽을 '대목(台木)', 접목하는 쪽을 '수목(穗木)'이라고 한다. 일반적으로 대목과 수목에도 궁합이 있다. 선인장은 대목과 수목의 궁합이 안 좋으면 접목에 실패하기도 한다. 파키포디움속 식물은 어떤 종이든 가능하다(단, 마다가스카르계나 아프리카계는 원산지가 같은 것끼리 접목하는 것이 좋다). 대목은 사운데르시(백마성)나 라메리처럼 생장 속도가 빠른 대형종이 좋다. 이 종들은 실생 개체가 저렴하게 유통되고 있어 비교적 쉽게 구할 수 있다.

대목에 적합한 품종

라메리, 게아이, 미케아, 라모숨, 사운데르시(백마성), 덴시플로럼, 호롬벤세 등은 뿌리가 튼튼하고 생장도 빠르다. 파키포디움속뿐만 아니라 클리노포디움속(Clinopodium)을 대목으로 쓸 수도 있다.

시기 기온이 20~30도 정도인 생육기가 좋다. 생장을 시작하는 4~9월에 성공률이 높고 생육이 활발해지는 6~7월이 가장 적합하다. 기온이 높은 한여름은 피한다.

도구
- 커터 칼(사용하지 않은 새 칼)
- 수돗물을 넣은 분무기
- 털실류(가늘고 수축력이 어느 정도 있어서 가시에 잘 감기는 것)
- 티슈

1
한 번도 사용하지 않은 새 커터 칼을 준비한다. 다육식물에 바이러스가 붙어 있으면 수액으로 감염되기 때문에 가지나 몸통을 바싹 자를 때 칼날은 열소독하는 것을 추천한다(담배모자이크바이러스는 열에 강하기 때문에 제3인산 소다수를 추천한다). 또한 열을 가하면 칼이 잘 안 들거나 식물 단면에 그을음이 묻을 수 있으므로 제3인산 소다수를 구하지 못했다면 일회용 커터 칼을 사용하는 것이 좋다.

2
대목과 수목의 균형을 고려하며 절단할 위치를 결정한다. 접합면의 크기가 같으면 위화감 없는 형태로 자란다. 수목도 똑같이 절단한다.

절단면
파키포디움을 접목할 때에는 관다발은 신경 쓸 필요 없다(선인장과는 다르다).

요령과 주의할 점
접목 상태를 빨리 확인하고 싶다고 털실을 일찍 풀어버리면 제대로 활착(옮겨 심거나 접목한 식물이 서로 붙거나 뿌리를 내리는 것 – 옮긴이)하지 못한다. 몸통에 강한 가시가 있는 개체가 대목이라면 문제없지만 매끄러운 개체가 대목인 경우에는 몸통의 요철에 실을 두른다. 그마저 어려운 경우에는 뽑아 올려서 뿌리에 실을 감는다. 생장점만 있으면 수목을 슬라이스해서 대목에 뚜껑을 덮는 식으로 잇댈 수도 있다.

3
대목의 윗면을 자르고 단면에서 나오는 흰 액체는 분무기로 씻어낸다.

4
대목과 수목을 맞대고 둘 사이에 생기는 기포와 수분을 제거하는 느낌으로 위에서 가볍게 누른다.

6
일주일 동안은 이대로 그늘에 두고 물은 주지 않는다. 실은 2~4주가 지나고 나서 제거하는 것이 안전하다. 그 이후에도 반음지에서 상태를 지켜본다. 실을 너무 빨리 제거하면 접목한 부분이 어긋나기 때문에 서두르지 않는 것이 중요하다.

완성

5
어긋나지 않도록 실을 둘러 고정시킨다. 가시에 걸듯이 실을 두른다.

실패담
여러 번 도전해도 잘 되지 않는 것이 있다. 대목을 바꾸거나 접목 방식을 달리해 봐도 매번 제대로 유합되지 않거나 어느 한 쪽이 썩어 버린다. 철화 식물이나 반입 식물(바탕과 다른 빛깔의 반점이나 무늬가 섞인 식물을 가리키며 일본에서는 '후이리(斑入り)'라고 부른다 – 옮긴이)은 애초에 형태가 기이하고 약하기 때문에 실패하기 쉬운 듯하다. 접목을 했으니 튼튼할 거라고 과신해서 거칠게 다루면 겨울철에 시들어 버리기도 하므로 주의해야 한다.

접목의 아름다움

수목 타키
대목 라메리

대목 서큘렌툼
수목 타키

수목 마카엔세(마계옥)
대목 그락실리우스(대목에서 뻗은 가지에서 그락실리우스의 꽃도 핀다)

대목 사운데르시
수목 윈저리

수목 윈저리
대목 미케아

수목 윈저리
대목 라모숨

수목 브레이카울
대목 라메리

수목 브레비카울
대목 라메리

수목 윈저리
대목 서큘렌툼

58

수목 타키
대목 덴시플로럼

수목 암본젠세
대목 로즐라툼

대목 라메리
수목 에니그마티쿰

대목 게아이
수목 바로니

오른쪽 아래 사진 속 바로니의 아랫부분 (늙 모양을 둥글게 절단한 느낌)

대목 사운데르시
수목 윈저리

대목 미케아
수목 윈저리

수목 나마쾌눔(광당)
대목 라매리

수목 그락실리우스
대목 사운데르시

왼쪽 위 사진 속 바로니의 윗부분

대목 라메리
수목 바로니

대목 호롬벤세
수목 그락실리우스

파키포디움 재배의 기본

파키포디움속 그락실리우스는 괴근식물을 대표하는 품종이다. 이번에는 파키포디움속의 독특한 종들의 발아 관리, 재배 장소, 여름철과 겨울철 물 관리, 생장기 등을 소개한다. '현지 야생 개체는 3년 안에 말라 죽는다'는 업계 전설의 원인이기도 한 잘못된 재배 방법에 대해서도 검증해 보자.

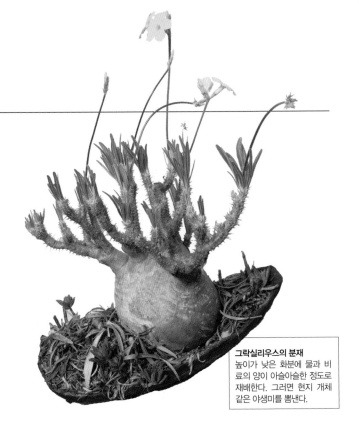

그락실리우스의 분재
높이가 낮은 화분에 물과 비료의 양이 아슬아슬한 정도로 재배한다. 그러면 현지 개체 같은 야생미를 뽐낸다.

1 | 생장 사이클

마다가스카르가 원산지인 식물은 대부분 '여름형'이지만 자생지 환경에는 차이가 있다. 예를 들어 해발 1000미터 정도의 지역에서 자생하는 브레비카울 등은 혹독한 더위를 잘 견디지 못해 여름에 생장이 멈춰 버리기도 한다. 아프리카 나마쿠알랜드가 원산지인 나마콰늄(광당)은 환경에 따라 생장기가 불규칙적인 탓에 까다로운 품종이라고 여겨져 왔다. 광당은 '겨울형'에 가까운 사이클을 따르는 것으로 보인다. 광당 외에 비스피노숨 같은 종도 겨울형에 속한다. 국내에서 재배하는 경우 기온이 너무 높으면 꽃이 잘 피지 않거나 꽃이 작게 피기도 한다.

2 | 식재와 루팅

그락실리우스로 대표되는 괴근식물은 해외에서 벌크 상태로 수입되는 것이 많다. 수입 검역에서는 기본적으로 세정 상태를 확인하며 뿌리에 흙이나 벌레가 붙어 있어선 안 된다. 또한 벌크 개체에는 필요 이상으로 잔뿌리가 달려 있어선 안 된다. 하지만 대부분의 파키포디움은 괴경에 수분과 양분을 비축하고 있기 때문에 지상부의 잎이 떨어져도 뿌리를 내릴 확률은 높다.

분갈이

화분에서 뿌리를 내린 개체를 구입한 경우에는 루팅 상황을 정확하게 파악하기가 어렵다. 루팅 후 1년 이상 지난 개체는 화분 바닥 구멍으로 뿌리가 뻗어 나오기도 한다. 배양토의 물 빠짐이 느리다면 분형근이 가득 찬 것이므로 분갈이를 해야 한다. 막 구입한 화분을 곧바로 분갈이하면 식물에 큰 부담을 주기 때문에 절대 금물이다. 분갈이 시기는 식물이 새로운 환경에 적응해서 생장을 시작한 후 분형근의 상태에 따라 판단하는 것이 좋다.

비료

분갈이했을 때나 개화 후처럼 개체가 체력을 쓰는 시기에는 적정량의 화성 비료를 준다. 용토 표면에 두는 알갱이 모양의 화성 비료(복합 비료)는 물을 자주 주는 봄부터 여름에는 한두 달 지나면 효과가 사라진다. 효과가 빠른 액체 비료는 용토에 머무는 성분이 적기 때문에 정기적으로 주어야 한다.
하지만 괴근식물을 심은 화분은 웃자람에 주의해야 하므로 적정량의 비료를 사용하는 것이 중요하다. 괴근식물 애호가들은 '마감프K'를 선호한다.

3 | 장소

햇빛

낮에는 직사광선이 닿는 곳이나 처마 밑에서 관리한다. 비를 맞지 않는 곳이 좋다. 기온이 높은 여름철에는 노지에서 재배해도 좋다. 햇빛에 확실히 노출시켜 괴경에 양분을 축적하고 겨울철 휴면기에 대비한다. 생장기에 햇빛을 쐬는 것은 매우 중요하다. 실내처럼 빛이 부족한 환경에서는 괴근에 양분이 축적되지 못해 다음해와 다다음해 휴면기가 끝났을 때 싹이 나지 않는 경우도 적지 않다. 그래서 현지 야생 개체를 가져다 키우면 3년 안에 말라 죽는다는 말이 나온 것이다. 모든 것은 생장기의 환경이 좌우한다.

바람

밀폐된 실내에서 장기간 관리하는 것은 피하고 바람이 잘 통하는 밝은 곳에 둔다. 온실이나 썬룸 등에서 관리하더라도 서큘레이터로 공기를 대류시키는 것이 중요하다.

온도

기본적으로 고온에 강하지만 장마철이나 한여름에 화분 내의 뿌리가 물크러지면 급격히 상태가 나빠진다. 겨울철에는 온실이나 실내에서 최저 15도 이상으로 관리한다. 한 달에 한두 번 뿌리가 촉촉하게 젖을 정도로 물을 주어 잔뿌리가 마르지 않도록 한다. 가온하지 않은 실내에서 관리하는 경우에는 물을 거의 주지 않는다. 뿌리가 살짝 마른 상태가 차라리 뿌리에 적은 손상을 준다고 한다.

4 | 물 주기

건기에는 거의 비가 내리지 않는 곳에서 자생하는 식물들이지만 땅속 깊이 주근을 내리고 우기에 수분을 축적한다. 작은 화분에서 재배할 때 물을 너무 많이 주면 웃자랄 수 있다는 의견도 있지만, 물 빠짐이 좋은 흙을 사용해서 생장기에 물의 양을 조절하면 된다.

5 | 번식 방법

종자를 얻어서 실생 모종을 만들 수 있다.

6 | 비료

개체를 생장시키기 위해 초봄이나 개화 후에 유기질 비료(완효성 비료)를 주는 것이 좋다. 애호가들은 그락실리우스 같은 개체에 가지가 너무 많이 자라서 괴근과 가지의 균형이 무너지는 것을 싫어하는 경향이 있다. 비료가 지나치면 괴경에서 줄기가 너무 많이 뻗어 버리기 때문이다. 햇빛, 물, 비료의 균형을 의식하며 웃자라지 않게 관리하는 것이 중요하다.

7 | 여름나기와 겨울나기

여름나기

겨울에 실내에서 키우던 식물을 베란다 같은 실외로 꺼내는 타이밍을 잡기가 어렵다. 새싹이 나오고 개체가 활동을 시작했다 하더라도 갑자기 기온이 떨어졌을 때 물을 주면, 새 뿌리가 나오지 않은 경우라면 뿌리가 썩기도 한다. 기온이 오르거나 새 잎이 자라나는 것을 확인하면서 조금씩 물의 양을 늘리는 것이 중요하다. 괴근 일부가 부드러워지면 뿌리가 상했다는 뜻이므로 물 주기를 자제하고 화분의 온도가 내려가지 않도록 관리한다.

겨울나기

파키포디움은 가느다란 뿌리가 나기 때문에 휴면기(겨울)에 뿌리가 손상되면 휴면기 이후에 새로운 뿌리가 났는지 꼭 확인해야 한다. 겨울철에는 15도 이상에서 관리하는 것이 이상적이다. 특히 화분 안쪽의 온도가 떨어지면 뿌리가 상하므로 한 달에 한두 번은 가볍게 물을 주고 뿌리가 마르지 않게 관리한다. 가을에는 낙엽이 지지만 괴경 표면에서는 약간의 광합성도 이루어지므로 낮에는 밝은 곳에 두는 것이 좋다.

봄에 새싹이 날 때까지는 물 관리에 신경 쓰자!

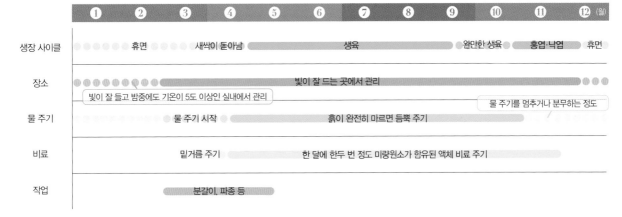

파키포디움 재배 캘린더

	①	②	③	④	⑤	⑥	⑦	⑧	⑨	⑩	⑪	⑫ (월)
생장 사이클	휴면			새싹이 돋아남		생육			완만한 생육	홍엽·낙엽		휴면
장소	빛이 잘 들고 밤중에도 기온이 5도 이상인 실내에서 관리			빛이 잘 드는 곳에서 관리								
물 주기				물 주기 시작		흙이 완전히 마르면 듬뿍 주기				물 주기를 멈추거나 분무하는 정도		
비료			밑거름 주기			한 달에 한두 번 정도 미량원소가 함유된 액체 비료 주기						
작업			분갈이, 파종 등									

여름 석양이나 직사광선 아래에서는 일시적으로 볕에 타기도 하지만 장시간 직사광선 아래에서 관리하면 균형 있게 잘 자란다.
확실하게 활착한 개체라면 생육기에 직사광선이 들고 비를 맞을 수 있는 곳에서 튼튼하게 자란다.

※관동 중간 지역 기준

나카무라 히데아키 씨의 **실생 개체**

도쿄 시모키타자와역 주변이 완전히 달라졌다. 역 앞의 암시장 같은 식품 시장 골목도 사라진 지 오래다. 다육식물과는 무관한 이야기처럼 들리겠지만 개찰구에서 2분 정도 떨어진 곳에서 매일 밤 모쓰야키 가게를 운영하는 히데아키 씨의 이야기다.

시모키타자와의 좁은 골목길은 매일 밤 화려한 불빛이 가득한 곳으로 술 좋아하는 사람들에게는 천국 같은 곳이다. 그곳에 히데아키 씨가 가게를 연 지 30년 가까이 흘렀다. 가게는 연중무휴로 관혼상제나 그밖의 개인 사정이 없으면 연다. 내장은 시나가와, 생선은 도요스 시장에서 구매하고 오전에는 영업 준비를 한다. 저녁 7시에 가게 조명을 밝힌다. 이것은 지금까지 히데 씨가 계속해 온 루틴으로, 매일 아침 괴근식물과 다육식물의 상태를 살피고 일요일 낮에는 대형식물들에 물을 주는 것도 잊지 않는다. 거슬러올라가면 무려 40년 전부터 파키포디움을 키우고 있는 굉장한 애호가다.

베란다에 놓여 있는 그락실리우스는 30년 전에 구입한 것으로, 현지 야생 개체처럼 보일 만큼 놀라운 자태를 뽐낸다. 또 그락실리우스의 씨앗으로 10년간 키운 것은 그야말로 아주 작은 야생 개체 같은 표정을 짓고 있다. 괴근식물의 인기가 급등한 것은 최근 5년 정도이고 그락실리우스의 인기는 여전하다. 최근 수년 동안 현지에서 수입된 개체 외에도 실생이나 자근처럼 국내 생산된 모종이 주목을 받고 있다. 이런 추세에는 몇 가지 요인이 있는데, 우선 현지 개체보다 가격이 합리적이고 루팅 리스크가 없으며 작고 수형이 멋진 개체를 고를 수 있다는 점을 꼽을 수 있다. 작고 멋진 수형을 가진 개체를 구매하고자 하는 애호가는 매년 늘고 있다.

업계에서도 앞다투어 실생 개체를 판매하고 있고, 재배 중인 개체에서 종자를 얻는 애호가도 많다. 현재 일본에 존재하는 마다가스카르 현지 야생 개체보다 국산 실생 개체가 틀림없이 몇 배는 더 많을 것이다. 그런데 그중에서 현지 야생 개체의 모습을 간직한 개체는 얼마나 있을까? 실생 개체를 재배하면 크기를 키우는 것을 우선하다 보니 아무래도 어딘가 늘어져 자라기 십상이다. 히데아키 씨는 "물과 비료를 자제해서 키우면 야생 개체처럼 키울 수 있다"고 말한다. 머리로는 이해해도 실제로 그렇게 재배하기는 결코 쉽지 않다.

협소한 베란다에서 40년 가까이 키운 그락실리우스!

바로니
30년쯤 전에 20센티미터 정도
되는 국산 실생 모종을 구입.
현재 높이는 1미터 정도.

윈저리×바로니
교배한 형제 종자로도 윈저
리에 가까운 개체(위)와 바로
니에 가까운 개체(아래)가 나
온다.

윈저리
30년쯤 전에 20센티미터 정도
되는 실생 모종을 구입.
현재 높이는 1.2미터 정도.

10년 된 실생 개체는
마치 야생 개체 같다!
훌륭하다!

실생은 2년까지는
물과 비료를 충분히!

가지가 나왔다면 그때부터가
중요하다. 비료는 봄부터 여
름에 3번 정도 아주 적은 양
을 준다. 개체가 충실해지면
물의 양을 줄이고 괴근 표면
의 팽팽함이 줄어들면 물을
듬뿍 주는 이 과정을 반복한
다고 한다. 물과 비료가 지나
치면 괴근에서 나온 가지가
두꺼워져서 야생 개체의 모
습과는 거리가 멀어진다. 히
데아키 씨의 재배 장소는 넓
다고는 할 수 없는 베란다. 겨
울철 가온한 프레임에 다 들
어가지 않는 그락실리우스는
노지에서 겨울을 나서 휘었
다고 한다.

나카무라 히데아키

20대 때 원예 잡지에 소개된 슈
도리도스와 조우한다. 슈도리도
스는 돌 같기도 하고 감자 같기도
한 아주 불가사의한 다육식물인
데, 그 품종을 찾아나서다가 미로
에 빠져 버렸다. 국제다육식물협
회에 들어가서 선배들에게 실생
가지를 분양받는다. 1990년대에
그락실리우스를 비롯한 괴근 실
생 개체를 재배하기 시작했고 현
재 매년 100개체 정도의 실생 모
종을 기르고 있다.

실생 모종을 현지 개체의 모습으
로 키우고 싶다면 모쓰야키 '히
데'를 방문하자. 히데 씨는 가게
손님에게도 엄격하다고 한다.

모쓰야키 '히데'
도쿄 세타가야구
시모키타 2-9-3 미쿠빌딩 1층
TEL 03-3468-7734
예약도 가능하다. 가게 주인은 그
리 친절하지 않지만 다육식물 이야
기 정도는 같이 해 준다.

Agave 아가베속

마른 잎으로 된 갑옷을 입고 모래와 자갈이 섞인 땅에 내리는 이슬로 살아간다

다육질의 잎을 가진 아스파라거스과 식물이다. 속명은 그리스어 'agauos(권위자, 영웅)'에서 유래했으며 그 이름처럼 용맹하게 잎이 자란다. 과거에는 용설란과로 분류되어 지금도 용설란과로 소개되는 경우가 많다. 2009년에 공표된 APGIII 체계에서 아스파라거스과(7아과에 약 150속 2500종이 속해 있다)로 분류되었고 그중 용설란 아과로 분류되고 있다. APG분류법은 게놈 분석을 통해 분류 체계를 도출하는데, 과거의 분류법과는 근본적으로 다르기 때문에 정보가 모두 갱신될 때까지는 꽤 시간이 걸릴 듯하다.

북미부터 남부 내륙의 텍사스주, 아리조나주, 그리고 카리브해 제도, 남콜롬비아, 베네수엘라까지 300종 이상이 자생하며 멕시코에서는 그 절반 이상이 자란다. 연간 거의 비가 내리지 않는 건조지나 한난차(寒暖差)가 큰 고지에도 자생하며 대부분의 종은 표피가 튼튼한 잎에 수분과 양분을 비축하며 다육화한다.

멕시코나 미국 남부에서는 다육화한 잎이나 줄기에서 수액을 채취해서 발효시킨 '데킬라'를 만든다. 4~5센티미터의 소형종부터 로제토의 직경이 5미터에 달하는 대형종까지 다양하다. 건조한 기후를 좋아하지만 일본 노지에서도 키울 수 있는 내한성이 강한 품종도 많다. 고온 다습한 장마철은 싫어하는 경향이 강하다.

번식은 종자 혹은 포복지(러너)로 하는데 새끼 그루가 잘 자라는 품종과 그렇지 않은 것이 있다. 꽃은 중심에서 긴 꽃대를 내면서 피는데 원뿔 모양부터 이삭 모양까지 다양하다. 대형종은 30~50년생이 되어야 비로소 꽃이 핀다. 일본에도 원예종으로 1920년대 이전에 들어와 전후 선인장이 유행하기 시작했을 즈음에는 150종 이상이 도입되었다고 한다. 하지만 재배 환경에 따라 개체의 형태가 다르기도 하고 품종의 분류학상 소속을 결정하기가 어렵다고 한다. 일찍부터 일본 이름이 붙었다 하더라도 번식한 개체의 명확한 특징을 계속해서 계승하기 위해서는 재배 기술이 필요하다고 한다.

Agave titanota FO-76

FO-76

현재 일본에서 유통되는 티타
노타의 대부분은 이 계통이다.
FO-76라는 이름은 이것을 채
집한 펠리프 오테로이(Felipe
Oteroi)의 머리글자와 채집 장
소의 지역 코드를 합친 것이다.

Agave titanota 'White Ice'

화이트 아이스

잎이 창백한 종이 많은 티타노타 중
에서도 눈에 띄게 흰 잎을 가진 품종
으로 가시마저 새하얀 독특한 풍모가
눈길을 끈다. 약한 추위는 견딜 수 있
어서 관동 지방을 기준으로 서쪽에서
는 실외에서 겨울을 날 수 있다.

Agave titanota black&blue

블랙&블루

인기가 많은 티타노타 블루 계통 품종이다. 흰 가시 끝이 시간이 흐를수록 검게 변한다. 콤팩트하게 자란 개체는 '블루 보틀'이라는 이름으로 유통되기도 한다.

블랙&블루 군생

Agave titanota 'Hakugei'

백경

인기 품종이다. 녹색 잎에 나는 흰 가시가 커져서 강하게 휘는 것이 특징적이다. 일반적인 티타노타보다는 약간 작고 생장도 느리기 때문에 느긋하게 키워나가는 재미가 있다.

Agave titanota 'Sierra Mixteca FO-76'

믹스테카

FO-76에서 선발된 품종으로 강한 가시와 두꺼운 잎이 특징이다. 생장하면 티타노타 No.1에 가까운 수형이 된다. 크기가 다소 작은 편이라 수집하기 좋다.

Agave titanota 'White Ice Blue'

화이트 아이스블루(WIB)

티타노타의 한 품종이다. 일반적인 티타노타보다 희고 표면에 석회가루를 뿌린 듯하다고 해서 초크 아가베(Chalk Agave)라고도 불린다. 화이트 아이스에서 나왔으며 표피가 푸르스름한 선발품이다.

Agave seemanniana ssp. pygmaea 'Dragon Toes'

드래곤 토우즈

창백한 색을 띠는 넓적한 녹색 잎에 촘촘하게 난 붉은 가시가 인상적인 품종이다. 품종명은 용발가락을 의미한다.

Agave potatorum Cherry Swizzle

포타토룸 체리 스위즐

멕시코 푸에블라, 오악사카에 분포한다. 파도 모양의 녹색 잎에 붉고 날카로운 발톱이 나 있다. 종소명은 이 아가베가 알코올 음료의 원료로 쓰인다고 해서 '음주가'를 의미하는 'potator'에서 유래했다. 미국 캘리포니아주 산타바바라의 식물재배원에서 선발되어 번식된 것이 최근 유통되고 있다.

농대 No.1

최근 아가베의 유통량이 늘면서 티타노타 '농대 No.1'의 유래에 대해서도 많이 언급되고 있다. 이쯤에서 몇 가지 속설을 시간순으로 정리해 보겠다. 일본에는 수많은 선인장·다육식물 애호가가 있고 그 역사도 메이지 시대(1867~1912) 후반부터 시작된다. 하지만 애호가들 사이에서 티타노타가 주목받은 것은 전후의 일로, 이 시기에 'titanota'의 학명은 존재하지 않았다.

전쟁이 끝난 후 얼마 되지 않아 곤도 노리오 교수가 도쿄농업대학 정문 앞에 진화생물연구소를 설립했고, 자비로 대형 목제 온실을 여러 동 세웠다. 선인장과 다육식물 전문가는 아니었지만 많은 품종을 수집해 훌륭한 연구소를 만들었다. 1950년 전후, 멕시코에서 수입된 식물 중에 아가베의 일종이 있었는데, 잎이 두껍고 가시가 튼튼했으며 비교적 크기가 작고 다부진 개체였다. 아마도 이 개체가 출발점이었을 것이다.

이를 실제로 목격한 국제다육식물협회 회장 고바야시 히로시에 따르면 "아가베의 일종이고 특별한 분류명은 없었다"고 한다. 같은 시기에 시코쿠에 사는 애호가 멕시코에서 수입한 아가베 중에도 티타노타가 몇 개 있어서 유통번호로 1~18번을 부여했다는 설도 있다. 전후의 부흥기에 티타노타가 여럿 수입된 것은 분명해 보인다. 'No.1'의 명명 유래에 대한 결정적인 기록은 존재하지 않아 기억과 구전에 의지해야 하는데, '농대에 있던 티타노타의 일종'이라는 당시의 업계 인식을 뛰어넘는 것은 없다.

'titanota'라는 종소명은 1982년경에 붙여졌으며, 농대 No.1은 'Agave titanota FO-76'의 선발종이라고 정의하는 것이 옳을 것이다. 곤도 교수가 수입한 개체(새끼 그루를 키운 것)는 지금도 연구실이 있던 진화생물연구소 온실에서 재배되고 있다.

50년 이상 경과한 동일 DNA를 가진 티타노타지만 온실에서는 '농대 No.1'으로서의 두드러진 특징을 발견할 수 없다. 티타노타라는 종이 척박한 자생지의 환경을 체현한 모습이야말로 그 이름에 걸맞는다는 생각이 든다. 다시 말해서 '농대 No.1'에서 나온 개체에서 종자를 얻었다 하더라도 생장 단계에서는 반드시 농대에 있는 '농대 No.1'과 같은 모습이 될 순 없는 것이다. 'No.1'이라는 이름도 선발종의 특징을 나타내는 유통명으로 쓰이고 있는데, 위와 동일한 의미로 생각해도 좋다.

현재 '농대 No.1'의 새끼 그루가 진화생물연구소 온실에서 계속 자라고 있다. 일조량 부족 때문인지 수형은 변했다.

Agave utahensis var. eborispina

에보리스피나

가느다른 잎 끝에서 긴 가시가 뻗는 날카로운 모양이 특징이다. 우타헨시스의 한 품종으로 분류되는데 개별종으로 취급된 적도 있다. 다른 우타헨시스에 비해 잎 옆에 난 가시가 강하다. 고온 다습한 기후에 약하므로 알갱이가 크고 물을 많이 머금지 않는 용토를 사용하고 여름철 높은 습도에 노출되지 않도록 한다.

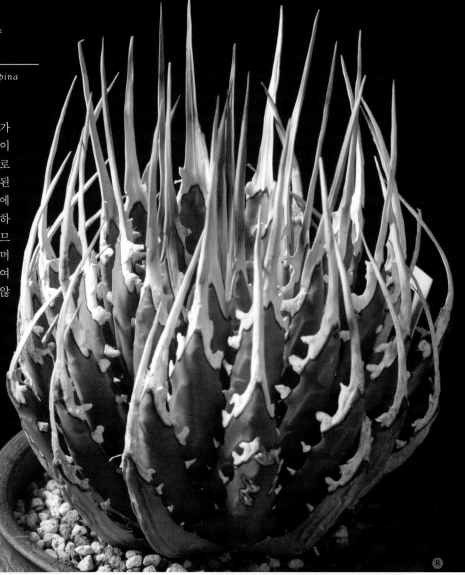

Agave uthaensis var. nevadensis

네바덴시스

우타헨시스의 한 품종이다. 미국 중서부 모하비 사막의 해발 1000미터가 넘는 구역에 자생해서 추위에 잘 견딘다. 아가베치고는 크기가 다소 작다.

Agave uthaensis var. nevadensis hyb.

네바덴시스 하이브리드

Agave horrida

호리다

윤기가 나는 녹색 잎에 안쪽으로 말려 들어가는 강한 가시가 나는 멋진 소형종이다. 아름다운 가시와 수형을 가진 선발 개체도 유통되고 있다. 모양이 비슷한 것으로 지에스브레티가 있다.

Agave horrida ssp.

Agave parrasana × isthmensis

파라사나×이스멘시스

평평하고 두껍고 프린지 같은 잎 끝에 강한
가시가 나는 이스멘시스와 끝에 날카로운
가시가 나는 파라사나의 하이브리드.

Agave parryi ssp. truncata 'Lime Streak'

라임 스트릭

일본에 오래전에 도입된 패리 트룬카타의
반입 품종이다. 밝은 색의 잎과 짙은 붉은색
가시의 대비가 아름답다.

Agave parryi var. huachucensis

후아켄시스

길상천의 한 품종이다. 내한성이 높다고 알
려져 있다. 패리 중에서는 크기가 크며 직경
이 90센티미터에 이르는 것도 있다고 한다.

Agave shawii

쇼위

남캘리포니아부터 바하캘리포니아에 걸친
구역에 자생한다. 멸종 위기에 처해 있어 굉
장히 희소하다.

Agave colorata

콜로라타

멕시코가 원산지다. 폭이 30센티미터가 되
지 않는 수집에 적합한 종이다. 종자 번식을
잘하기 때문에 개체를 늘리거나 군생으로
즐기기에도 좋다. 창백한 표피도 아름답다.

Agave 'Blue Glow' × colorata

블루 글로우×콜로라타

늘씬하고 기다란 잎을 가진 블루 글로우와 가
운데가 부풀어오른 딱딱한 잎을 가진 콜로라
타를 교배한 것이다. 똑같이 교배해도 잎이 홀
쭉하지 않고 둥글어지기도 한다.

Agave 'Blue Glow'

블루 글로우

아테누아타와 오카후이의 교배종. 최대 60센
티미터 정도로 희고 푸른 잎에 붉은 가시가 촘
촘하게 자란다.

Agave 'Blue Glow' Crested

블루 글로우 철화

블루 글로우의 변종. 블루 글로우는 녹색 잎에
가시가 비교적 밀도 있게 나는 데 반해 철화는
가시의 간격이 넓고 가시 하나하나가 큼직하다.

Agave parryi var. huachucensis

길상천

멕시코가 원산지이며 많은 변종과 아종이 있다.
중형으로 70센티미터 정도의 로제트를 형성한
다. 잎이 창백하고 다갈색의 톱니가 자란다.

Agave macroacantha

마크로아칸타

멕시코가 원산지이며 잎이 가늘다. 빛을 충분히
쬐어 주어 콤팩트하게 키우는 것이 좋다. 잎은 녹
색을 띠는 것도 있고 흰색을 띠는 것도 있다.

Agave macroacantha

마크로아칸타 군생

Agave 'Confederate Rose'

컨페더레이트 로즈

종자 번식이 쉬운 소형 아가베다. 포타토룸 등
을 교배한 하이브리드라고 알려져 있다. 해외에
서는 길상관의 왜성 품종(표준보다 작게 자라
는 품종 - 옮긴이)으로 취급되기도 한다.

Agave applanata 'Cream Spike'

크림 스파이크

아플라나타의 잎 바깥쪽에 무늬가 있는 품
종으로 길상천금이라고도 불린다. 잎은 잘
모아지지 않고 퍼진다.

Agave parrasana

파라사나

대형으로 자라며 생장은 느리다. 잎 전체가
왁스로 덮은 것처럼 흰색을 띤다. 추위에 잘
견딘다.

Agave montana

몬타나

곧게 뻗은 녹색 잎에 붉은 가시가 자란다.
비교적 크기가 크며 최대 직경이 150센티
미터에 이르기도 한다.

Agave xylonacansa

자일로나칸사

멕시코 중동부가 원산지다. 폭이 좁은 녹색
잎에 강한 가시가 자란다. 복륜(테 모양의
무늬 - 옮긴이)이나 반점이 있는 것도 있다.

Agave 'Swordfish'

스워드피쉬

자일로나칸사의 한 품종이다. 가느다란 녹
색 잎에 안쪽으로 말려들어가는 가시가 난
다. 아가베치고는 키우기 쉽다.

Agave isthmensis

이스멘시스

'투구게'라고도 불리는 인기종이다. 폭 20센
티미터 내로 자라는 소형종이다. 잎이 짧고 수
형이 콤팩트한 것은 왕비뉘신이라고 불린다.

Agave potatorum 'Cubic'

큐빅

포타토룸의 한 품종으로 잎의 폭이 좁다. 블루 글로우의 잎에 붉은 가시가 자라는 색채가 아름다운 종이다. 개체마다 다양한 차이가 있다.

Agave bovicornuta

보비코르누타 (중반)

멕시코 치와와주 등에 자생하는 종으로 잎 중앙에 무늬가 있다. 종소명은 '수소(雄牛)의 뿔'을 의미한다.

Agave potatorum f.variegata 'Super Crown'

슈퍼 크라운 (길상관 복륜)

길상관(포타토룸)의 잎 바깥쪽에 무늬가 있는 것을 길상관금이라고 부르는데, 특히 무늬 폭이 넓고 아름다운 것이 슈퍼 크라운이다.

Agave potatorum cameron blue

포타토룸 카메론 블루

녹색 잎에 프린지 모양의 주름이 있으며 끝에 가시가 자란다. 빛을 충분히 쐬어 주름이 안쪽으로 말려들어가듯이 자라는 것이 좋다.

Agave potatorum 'Kishoukan' *marginata*

포타토룸 【길상관】

포타토룸 중에서 검붉은 가시가 나는 것을 특별히 '길상관'이라 부른다. 일본에서 탄생한 계통이다. 반입이나 복륜 등의 변종도 있다.

Agave potatorum 'Kishoukan' *marginata*

포타토룸 스페셜 클론

포타토룸의 클론 재배 선발종이다. 잎이 짧고 프린지가 아름다운 개체다.

1 RM314
2 폭이 넓은 쇄모 백선
3 니시 씨 계통의 초극 왜성
4 우스구모(Agave victoriae reginae usugumo)
5 왜소 환엽
6 RM333
7 세설
8 아오키 초농백 특성 환엽

Agave filifera v. compacta 'Pinky'

왕비세설 핑키

소형 난설(filifera)로 잎 끝에 가시가 나는 것이 왕비난설이다. 그중에서 노란 복륜이 있는 것을 핑키라고 부른다. 미국 태생이다.

Agave victoriae-reginae 'Hyouzan'

빙산

세설의 백반 타입이다. 차광을 다소 강하게 해야 무늬가 선명해진다.

Agave filifera v. compacta

왕비세설

빅토리아 용설란이 아니라 난설 왜성의 한 계통이다. 잎의 폭이 더 넓은 것도 있지만 사진 속 개체는 잎의 폭이 좁은 철화 개체다.

Agave victoriae-reginae variegata

금색당

세설 중에서 뾰족한 잎 전체에 가느다란 선 모양의 노란 무늬가 있는 것이 특징이다.

Agave victoriae-reginae 'Himesasanoyuki'

비세설

세설 중에서도 특히 크기가 작다. 세설은 비를 맞으면 잎에 검은 반점이 생기므로 주의가 필요하다. 건조에 강하다.

Agave victoriae-reginae 'Kizan'

휘산

잎의 폭이 넓고 무늬가 선명한 세설 품종이다. 표준적인 세설에 비하면 다소 작다.

Agave schidigera

쉬디게라

난설의 한 종으로 분류되어 왔지만 현재는 독립한 종이다. 잎의 녹색 부분에서 섬유 가닥들이 자라고 말려들어가는 것이 특징이다.

Agave filifera

필리페라

종소명은 '실을 감았다'는 뜻을 가진다. 잎의 녹색 부분에서 가시가 아닌 섬유가 말려 올라가서 독특한 분위기를 자아낸다.

Agave lophantha 'Quadricolor'

쿼드리컬러(오색만대)

4색의 용설란(로판타)이다. 겨울에 강한 햇빛을 쪼여 주면 붉게 물든다. 오색만대(Goshiki-Bandai)라는 이름으로 유통되기도 한다.

Agave schidigera

백사왕비

무늬가 있는 쉬디게라다. 필리페라, 파르비플로라, 레오폴디가 백사왕비 혹은 '폭포의 흰 실'이라는 이름으로 유통되기도 한다.

Agave stricta

취상 황외반

폭이 좁은 잎이 힘차게 뻗는다. 강한 빛을 쐬어 콤팩트하게 생장하면 잎이 위로 더 잘 솟는다. 추위에 잘 견딘다.

Agave stricta f.variegata

취상금

Agave 'Shark Skin'

샤크 스킨

잎의 녹색 부분에 가시가 없고 매끄러운 변종 아가베. 늘씬한 실루엣은 아리조니카와 비슷하지만 샤크 스킨의 잎이 좀 더 울퉁불퉁하다.

Agave pumila

푸밀라

역사가 불분명한 아가베. 빅토리아 용설란과 레추기야의 자연 교잡종으로도 알려져 있다. 잎의 바깥쪽에 힘줄 모양의 선이 생긴다.

Agave 'Little Shark'

리틀 샤크

마크로아칸타와 빅토리아 용설란의 교배종으로 알려져 있다. 모양은 마크로아칸타와 비슷하지만 잎이 좀 더 두껍다.

땅에 심겨 생장한 수형
화분에 심은 것과는 완전히 다른 종처럼 보일 만큼 박력이 넘친다.

Agave arizonica

아리조니카

미국 아리조나주에서 채집된 아가베지만 투메야나와 크리산타의 교배종으로 알려져 있다. 매끄러운 잎이 특징이며 늘씬한 수형이 아름답다.

Agave potatorum

뇌신 황호반

멕시코가 원산지인 뇌신(포타토룸)에 노란 무늬가 있는 품종이다. 수형이나 반입 모양에 따라 품종이 다양하다. 저온에는 취약하기 때문에 늘 5도 이상을 유지한다.

Style of CHIKA

그 개체는 말라서 썩은 갑옷 무사처럼 보인다

10년도 더 됐을 법한 외엽 섬유가 남아 있어 안을 들여다보니 생장점에 생기 넘치는 새싹이 숨어 있었다. 이처럼 야생의 모습을 간직한 개체도 황야의 자생지가 아닌 미국 캘리포니아주 식물재배원에서 수입된 것이다. CHIKA는 현지의 모습을 그대로 간직한 아가베를 수입하고 있다.

최근 들어 그가 수입하는 '올드 아가베'가 주목받고 있다. 고참 애호가들은 '천천히 말라가고 있는 티타노타일 뿐'이라고 중얼거린다. 매끄러운 잎이 방사형으로 뻗어 나가는 온실 재배 아가베와는 분명히 달라 보인다. 하지만 완전히 말라 버린 잎과 가시가 안쪽을 향해 묵묵히 말려들어가는 모습에 매혹되는 젊은이들이 많은 것도 사실이다.

일본의 도시 생활자에게 사막화하는 황야를 상상하게 만드는 그 모습은 아가베가 가진 끝을 알 수 없는 생명력을 느끼게 한다. "화분에 심은 오래된 나뭇가지를 정교하게 조종해서 '분재'라는 형태로 일본의 심상 풍경을 창조해왔죠. 이 아가베들은 일본인이 가진 '안목'을 통해 새로운 원예 세대에게 수용된 게 아닐까요." CHIKA는 말한다.

2013년경부터 해외에서 식물을 수입하기 시작했다. 유럽이나 아프리카 품종을 주로 취급하고 캘리포니아 아가베는 2015년경부터 수입하고 있다. 2017년 도쿄 고엔지 메노스야마 '아가베의 산'은 아가베 붐의 발화점이 되었다.

아가베 재배의 기본

아가베는 재배하기가 비교적 어렵지 않은 다육식물이다. 하지만 개체를 콤팩트하게 만들고 천천히 생장시키기 위해서는 아가베의 성질을 이해해야 한다.

1 | 생장 사이클

모든 품종이 여름형이며 고온기에 생장한다. 생장 속도가 느리기 때문에 일조량이 부족한 환경에서는 잎이 웃자라기도 한다. 음지에서 잘 자라지 못하고 빛을 좋아하기 때문에 실내에서 장기간 관리하기는 어렵다.

2 | 재배 환경

수많은 원종과 원종계 품종, 원예 교배종이 있는데 공통적으로 건조나 고온에는 강하다. 그러나 화분 안에서 물크러지면서 뿌리가 상하기도 하므로 물은 신중하게 주고, 플랜터나 땅에 심어서 실외에서 관리한다. 겨울철 0도 전후에서 겨울을 나는 종도 많다. 재배 환경에는 품종, 개체의 크기, 뿌리의 힘 등 여러 조건이 작용하며 단정적인 정보는 없다.

배양토
배양토는 관리자가 물을 많이 주는 경우에는 물 빠짐이 좋은 흙(유기물이 적음)을 사용한다. 반대로 물을 잘 머금는 흙(유기물이 많음)을 사용할 경우에는 물 주기 간격을 넓혀 과습에 주의한다. 작은 개체에는 알갱이가 작은 적옥토를 주로 사용하고, 큰 개체에는 알갱이가 큰 것을 사용해야 물 빠짐이 좋아진다.

3 | 식재

벌크 개체
주근이 없는 수입 벌크 개체나 절단된 개체는 절단면이 완전히 말라 있는지 확인해야 한다. 기온이 낮은 겨울철에 식재하면 뿌리도 잘 자라지 않기 때문에 봄이 되어 기온이 오를 때까지 심지 않고 그대로 관리하는 편이 좋다.

분갈이
뿌리가 화분 바닥으로 삐져나오거나 물 빠짐이 나빠진 경우에는 분갈이해야 한다.

4 | 장소

햇빛
낮에는 직사광선이 닿는 곳이나 밝은 처마 밑에서 관리한다. 비가 들이치지 않는 곳이 좋다. 실내에서 키울 때에는 부족한 빛을 LED등으로 보충할 수도 있다. 아가베는 중심에 있는 생장점 주변의 잎이 광합성을 한다. 조명이 너무 가까우면 잎이 탈 수 있으므로 LED등은 30센티미터 이상 떨어뜨린다.

바람
밀폐된 실내에서 장기간 관리하는 것은 피하고 바람이 통하는 밝은 곳에 둔다.

온도
잎이 단단한 것은 온도 변화에도 강하다. 한여름에 실내에 둔 화분에 에어컨 바람이 닿으면 생육을 저해할 수 있다. 겨울철에는 최저 기온을 5도 정도로 관리하는 것이 좋다. 실외에서 키울 수 있는 품종도 있다.

5 | 물 주기

아가베는 강우량이 거의 계측되지 않는 지역에서도 자생하지만 아침 이슬이나 밤이슬을 흡수하거나 땅 속 깊이 뿌리를 내린다. 작은 화분에서 키울 때 물을 너무 많이 주면 웃자랄 수 있다. 개체를 빠르게 키우고 싶다면 물 빠짐이 좋은 흙을 사용하고 물을 알맞은 때에 주고, 반대로 콤팩트하게 키우고 싶다면 햇빛을 충분히 쬐어 주고 물을 적게 주면서 키워야 한다.
대형 10호 화분과 소형 3호 화분은 물 주기 간격도 다르다. 물은 화분 아래로 흘러내릴 정도로 듬뿍 준다. 그리고 화분 속 수분이 빠지는 데에는 10호 화분이 1~2주, 3호 화분은 5~10일 정도가 걸린다(계절에 따라 차이가 있다). 화분 속이 마르고 나서 7~10일 이내에 또 물을 주는 식으로 사이클을 만든다. 화분 속 수분량은 겉흙이 마른 정도나 화분의 무게로 측정한다. 확신이 없다면 물이 마른 화분과 물을 준 화분의 무게를 정확히 알아두자.

6 | 번식시키는 법

아가베는 '다테와리(세로로 자르기)'나 '적심(심 도려내기)' 등으로 번식시킬 수도 있지만, 새끼 그루로 번식시키는 것이 일반적이다. 품종에 따라 새끼 그루가 자라는 것도 있고 그렇지 않은 것도 있다. 개체 옆에 자라는 새끼 그루나 뿌리 가까이에서 길게 뻗는 러너(포복지) 등을 포기나누기해서 키울 수 있다.

7 | 비료

생장 속도도 느리고 꽃이나 열매가 잘 맺지 않기 때문에 비료가 많이 필요하지 않다. 개체의 생장을 촉진하고 싶다면 봄에 배합 비료를 주는 것이 좋다. 비료가 과하면 웃자랄 수 있으므로 주의한다.

8 | 여름나기와 겨울나기

여름나기

봄까지 실내에서 재배하던 개체를 갑자기 직사광선에 노출시키면 잎이 탄다. 자외선이 강한 봄에는 수시간 만에 잎이 하얗게 변하고 그 후에는 썩어 버린다(오른쪽 사진). 반음지에서 1~2주간 적응시키고 나서 양지에 두는 것이 좋다. 기온이 오르면 생장점의 색이 선명해지고 새로운 잎이 자란다. 이 시기에는 물이 끊이지 않게 줘야 하지만 고온 다습한 장마철에 물을 너무 많이 주거나 화분 속이 물크러지면 썩을 수 있으므로 주의한다.

겨울나기

겨울철 단수 여부는 환경에 따라 결정한다. 가온 온실이나 난방 설비가 갖춰진 실내에서 관리하는 경우에는 잔뿌리가 마르지 않도록 한 달에 한 번 정도 물을 주어야 한다. 한편, 온도가 낮은 곳에서 겨울을 나는 경우에는 물을 주면 뿌리가 상하므로 완전히 단수하기도 한다. 그러나 완전히 단수하면 뿌리가 상할 수도 있으므로 다시 뿌리가 나는지 확인하면서 관리해야 한다.

병

아가베는 특유의 병에 걸리는 경우는 거의 없지만 잎 끝이 갈색을 띠며 마르는 탄저병에 걸리기도 한다. 탄저병의 원인인 곰팡이균은 장마철까지의 저온기에 활동한다. 감염 가능성도 있으므로 환부를 잘라내고 살균제로 소독해야 한다.

해충

수입 개체나 온실에서 관리하던 개체에 '패각충'이 숨어 있는 경우가 있다. 잎과 잎 사이나 생장점의 어린 잎 등에 1~2밀리미터 크기의 흰 실 모양 벌레가 생긴다. 납질(蠟質)로 덮여 있어 약으로 해충을 퇴치하기는 어렵기 때문에 면봉 등으로 긁어내는 편이 확실하다.

잎이 탄 모습
아가베는 직사광선을 좋아하지만 겨울철에 실내에 있다가 초봄에 실외에서 강한 빛에 직접 노출되면 반나절도 되지 않아 하얘지고 얼마 뒤 갈색으로 변하면서 마른다. 한번 잎이 타면 회복되지 않기 때문에 생장점의 재생을 기대해야 한다.

아가베 재배 캘린더		①	②	③	④	⑤	⑥	⑦	⑧	⑨	⑩	⑪	⑫ (월)
	생장 사이클	휴면						생육					완만한 생육
					새끼 그루가 자란다								
	장소				햇빛이 잘 들고 바람이 잘 통하며 비를 피할 수 있는 실외								
								내한성은 품종마다 다르다(서리를 피할 수 있는 실외부터 실내까지 다양).					
	물 주기	한 달에 한 번 가볍게(겨울철에는 물을 거의 주지 않아도 된다)			용토가 완전히 마르고 나서 듬뿍			용토가 마르고 4~5일 후에 듬뿍			용토가 완전히 마르고 나서 듬뿍		
	비료	원비만 주고 추가로 주지 않는다			한여름에는 밤이나 이른 아침에 주기. 낮에는 화분 속 온도가 높아서 뿌리가 물크러지기 쉽다.			물이 많으면 생육이 빨라지고 개체도 잘 벌어진다. 품종에 따라서는 물 주기를 자제하고 수형이 벌어지지 않게 관리하기도 한다.					
	작업			분갈이, 포기 나누기, 파종, 다시 착생시키기				분갈이, 포기 나누기, 파종, 다시 착생시키기					

아가베 분갈이

● **꺼칠꺼칠한 섬유가 된 아래쪽 낡은 잎은 제거한다.**
   물을 머금어 썩으면 개체에 나쁜 영향을 미친다.

● **굵은 줄기에서 나온 뿌리는 말라서 가늘어진 것을 포함해 절반 정도 솎아낸다.**
   이렇게 한다고 해서 뿌리가 재생되는 것은 아니지만 분갈이 후에 개체의
   균형을 잡기 위해 필요하다. 새로운 뿌리는 잎과 주근 사이에서 나온다.

품종명: 아가베 티타노타 블랙 & 블루
화분 관리 상태: 화분에 심고 나서 1년 3개월이
지났다.

1 화분 속이 뿌리로 둘러싸여 있으면 배수성과 보
수성이 떨어져 새로운 뿌리가 자라지 못한다. 그
럼 뿌리로 막혀 버리거나 뿌리가 썩기도 한다.

2 뿌리가 상하지 않도록 배양토를 털어낸다.
마른 뿌리도 제거한다.

3 개체의 직경보다 한 둘레 더 큰 화분을 고른다.
화분 바닥의 구멍은 가능한 한 물 빠짐이 잘
되는 것을 고른다.

4 화분 바닥에는 속돌이나 굵은 적옥토를 간
다. 통기성과 보수성이 좋아서 강한 뿌리
를 내리는 아가베에게 좋다.

5 일반적인 다육식물용 배양토를 사용해도 좋다. 사진은 크기가 작은 적옥토, 녹소토, 펄라이트, 버미큘라이트, 소량의 훈탄과 완숙 부엽토를 섞은 용토다.

6 배양토에 마감푸K 같은 완효성 비료를 배합한 비료를 작은 컵으로 한 컵 정도 원비로 넣는다.

7 나무젓가락을 걸쳐서 아가베의 높이를 조정한다. 아가베의 수형은 화분 크기에 따라 달라지기 때문에 높이는 미세 조정해야 한다.

8 개체 옆으로 배양토를 조금씩 넣는다. 뿌리 틈에 흘려넣는다.

9 나무 주걱 등을 이용해 배양토를 뿌리 틈에 다져 넣는다. 뿌리가 상하지 않도록 조심해서 움직인다. 화분 옆면을 주먹으로 두드리면 남은 틈에도 배양토를 채울 수 있다.

완성

분갈이 완성. 분갈이를 하면 뿌리에 손상이 가해지므로 그대로 7~10일 정도 차광된 곳에서 관리하고 나서 물을 준다. 물을 듬뿍 줘서 배양토의 미진(용토나 아주 작은 유기질 입자)을 흘려보내는 것이 좋다.

쿠사무라 unreality

식물의 경계
오다 코헤이가 창조하는

reality

그곳은 도쿄 게이오 이노카시라선 신다이타역 개찰구를 나와 앞에 보이는 간나 나를 건넌 곳에 있다. 번화한 대로를 등진 한산한 주택가 골목은 너무 구불구불 해 택시 기사들도 싫어하는 세타가야 지옥의 입구 같은 곳이다. 그 안쪽에 오다 는 '쿠사무라 도쿄(Qusamura Tokyo)'를 만들었다.

"여기까지 오는 여정이 특별한 시간을 만드는 거예요."

선인장과 관엽식물을 취급하는 매장은 히로시마시 니시구 미사사 기타마치에 있지만 전국 각지의 유명 브랜드 매장에서 개성 넘치는 식물 행사를 열어 왔다. 연간 50곳이 넘는 공간에서 행사를 열었던 해도 있다고 한다. 패션 브랜드의 트 렌디한 공간에 오다가 전시한 식물이 영향력 있는 기이한 예술로 보였는지도 모 른다. 크리에이터들은 모두 그것에 열광했다.

최근 수년간 도쿄에 매장을 내려고 준비하던 오다는 말한다. 하라주쿠나 오모테 산도, 미나미아오야마 같은 세련된 거리에 매장을 열기보다는 이곳 다이타처럼 '왜 이런 데 가게를 열었지?'라고 생각할 만한 곳에 매장을 내서 그 격차를 즐기 고 싶다고 말이다. "여기까지 일부러 와 주는 데 의미가 있는 거예요." 골목 안쪽 에 20평 정도 되는 앞뜰이 있고 60년 전쯤 철근 콘크리트로 만들어진 오래된 건 물 1층이 매장이다. 매장이라기보다는 아트 갤러리로 보이는 공간이다. 하지만 오다는 단호하게 부정한다.

"이곳은 식물 가게이고 여기에 있는 식물도 예술은 아니예요."

아주 밝은 흰색과 쇼와 시대의 공기를 머금은 건축 용재와 창호가 하나의 선을 경계로 대립하고 있다. 이것이 오다가 말하는 격차이고, 현실과 비현실이 공존하 는 공간이다. "이 격차가 크면 클수록 인간은 그것을 초월했을 때 감도가 올라갑 니다." 그 공간에는 기립하는 대좌에 있으면서 솟아오르듯 오래된 식물들이 늘어 서 있다. 몸통이 동강 나 새로운 생장점에서 아름다운 새끼 그루를 탄생시킨 반 야, 표피가 푹 패인 채 자란 백단봉옥 등 불과 20개체에 불과한 수다. 이곳에 온 것을 계기로 이 시간을 특별하게 여기길 바란다고 말한다.

이곳에서 만나는 식물은 작품이 아니라 틀림없는 '생물'이다. 오다는 가로수가 가득한 길가의 풍경 속에서 식물들의 매력적인 모습을 늘 발견한다고 말한다. 이 곳은 식물 가게이기 때문에 그 아름다운 모습을 도려내는 기술이 있을 뿐이다. 그가 정교하게 도려낸 모습이 이 비현실적인 공간 속에 웅크리고 있는 셈이다. 선인장, 다육식물류는 아주 척박한 환경에서 몸에 가시를 두르고 깊은 주름을 만 들고 몸을 지켜 왔다. 수만 년의 시간을 뛰어넘어 세대를 교체하면서 그 기이한 표정을 만들고 말없이 신비로운 성질도 내포하고 있다. 그런 뒤틀린 모습을 식물 가게 주인으로서 손님에게 설명한다. 손님의 감도와 의식은 그 공간 속에서 서서 히 고양되고 있는 것이다.

오다가 강조하는 격차는 리큐(일본 다도를 완성하고 원칙을 세운 사람 – 옮긴이) 가 말하는 '결계(結界)'인 걸까. 현실과 비현실, 통속과 초속 사이에 있는 것은 그야말로 살아온 사람과 식물이고, 그것이야말로 현실 그 자체라는 수사학인지 도 모른다. 다만, 거기에 오다의 미의식이 새겨져 있음은 누가 봐도 알 수 있다.

식물과 인간의 관계, 정보와 사물과의 거리를 의식하지 않는 시대. 누구나 손끝 으로 정보를 마음대로 조종하고 생활 속의 의식과 가치관은 늘 변화를 멈추지 않 는다. 길을 헤매고 있을지도 모른다. 많은 손님이 이 거리(距離)를 체현하기 위 해 세타가야 다이타의 결계를 향해 발걸음을 옮길 것이다.

기억 속의
식물들

지금까지 오다 코헤이가 만난 개성 넘치는 식물을 소개한다. 모두 지금까지 선인장 업계의 가치관을 따라 탄생한 모습이라는 점을 쉽게 이해할 수 있다. 파도가 넘실거리듯 철화하고 아래쪽도 목질화(식물의 세포막에 리그닌이 쌓여 나무처럼 단단해지는 현상 – 옮긴이)했으며 생장점에서는 마치 괴수 같은 강렬한 생기가 느껴진다. '자연의 조형미'라는 말로는 간단히 표현할 수 없는, 오랜 시간에 걸쳐 비틀어진 이야기를 품고 있는 모습이다. 잊을 수 없는 생기 그 자체다.

Astrophytum myriostigma v. nudum f.

벽만금

짙은 자주색 표피에 섬광 같은 선명한 오렌지색 얼룩이 있는 개체. 기온, 태양광선, 관수가 절묘한 균형을 이뤄 멋지게 물들었다. 옥석 같은 아름다움을 숨기고 있다.

Gymnocalycium pflanzii v. albipurpa f. crist.

천자환금 철화

접수를 얻기 위해 몇 번이나 비틀어진 대목. 고목화된 아래쪽에서는 기특하게도 새로 철화한 자주색 얼굴을 드러내고 있다.

Echinocactus grusonii f. monst. spiralis

나선 금색 범고래 석화

생장점에 이상이 생겨 말려들어간 가시와 찢어진 표피가 무질서해서 이 개체가 금색 범고래인지 아닌지 알 수 없을 정도다. 선명한 짙은 녹색 표피 덕분에 난폭한 뿔 같은 금색 가시가 한 층 더 도드라진다.

Astrophytum myriostigma f.

복릉 난봉옥

아래쪽의 복릉이 격하게 융기한 개체다. 마치 화산과 용암을 연상시키는 풍모는 보기만 해도 압도된다. 평온한 꼭대기와의 대비가 재미있다.

고성 용신목 철화

Myrchillocactus geometorizans f. crist.

일반적인 용신목보다 모가 난 부분의 폭이 넓은 타입이다. 주먹 같은 강인한 형태와 어디가 어떻게 자라고 있는지 알 수 없는 예측 불가능한 움직임이 매력적이다.

수우대봉옥

Astrophytum capritorne v. crassispinus

접목된 수우대봉옥의 절단면에서 수많은 새끼 그루가 자라난 모습이다. 집짓기 놀이처럼 쌓아올린 느낌이 독특하다. 대목인 용신목에 적힌 수우대봉이라는 글자도 멋지다.

유리환 석화

Ferocactus alamosanus f. monst.

모가 난 사이사이가 울퉁불퉁하게 튀어나온 유리환. 목질화된 아래쪽은 이끼가 낀 바위 표면 같다. 시간과 식물의 생명력이 만들어낸 모습에는 사람의 힘으로는 이끌어낼 수 없는 끝을 알 수 없는 힘이 머물고 있다.

복융벽란

Astrophytum myriostigma v. nudum f.

생장 초기 단계에 머리가 두 개가 되어 오랫동안 생장한 개체. 뒤얽힌 듯 신비롭게 모가 난 모습과 목질화해서 돌처럼 보이기도 하는 아래쪽 표피가 골동품을 연상시킨다.

백서봉옥

Astrophytum capricorne v. niveum

아래쪽의 표피가 썩어 심만 남았지만 계속 생장 중인 개체. 고대의 무너진 유적을 방불케한다. 지금까지 잘도 애써 왔다고 말해 주고 싶다.

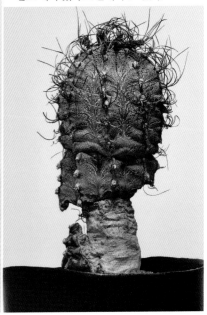

반야

Astrophytum ornatum

절단면이 없는 짧은 줄기를 선호하는 통상의 가치관과는 정반대인 개체. 절단 후 두 개의 새끼 그루가 자랐다. '살아가는 강인한 힘'을 이만큼 잘 보여주는 개체가 또 있을까.

Platycerium
박쥐란속

그 여러 장의 잎은
박쥐인가, 사슴의 뿔인가?
양치식물의 조형미

일본에서는 비카쿠시다속이라고 불리지만 국내 원예에서는 오랫동안 박쥐란이라고 불려 왔다. 박쥐란은 난초가 아니라 양치식물에 속한다. 고란초과 피카쿠시다속 식물로, 다른 나무나 암석 등에 달라붙어 생활하는 착생식물이다. 일본 이름인 '비카쿠시다'는 '미각(麋角) 양치'라고 적으며 상상 속의 '커다란 사슴(麋)'의 뿔에 비유한 것이다. 학명인 플라티케리움은 그리스어 'platys(넓다)'와 'keros(뿔)'를 합성한 것으로 커다란 잎을 묘사한다.

박쥐란은 나무 줄기나 가지에 착생하는 양치류다. 아프리카나 마다가스카르, 동남아시아, 태평양제도, 오스트레일리아, 남아메리카 열대 등에 박쥐란속에 속하는 18종의 원종이 존재한다. 자생지에는 우기와 건기가 있고 우기에는 기온도 내려간다. 건기에는 비가 내리지 않는 날이 계속되고 기온도 꽤 많이 오른다. 지표면에 가까운 곳이 아니라 나무 위에 자라기 때문에 더 척박한 환경에서 자생한다고 할 수 있다.

두 종류의 잎 모양이 특징적인데, 하나는 줄기 가장 아랫부분에 달라붙듯이 나는 '저수엽(외투엽, 나엽)'이고 다른 하나는 사슴의 뿔을 닮은 '포자엽(실엽)'이다. 먼저, 저수엽은 둥근 입술 모양이나 그릇 모양을 띠며 착생한 줄기에 밀착해서 내부에 뿌리를 내린다. 저수엽은 대부분 하늘을 향해 펼쳐진다. 지표가 아닌 나무 위에 있기 때문에 뿌리에서 양분을 빨아들이기가 어렵다. 그 때문에 저수엽에 낙엽이나 벌레, 새의 똥 등을 받아내는 것으로 보인다. 저수엽에 쌓인 것들이 박테리아에 의해 분해되어 개체 자체의 양분으로써 흡수된다. 저수엽은 새로운 잎에 덮여 갈색으로 변하고 서서히 부엽토로 변하며 이 역시 양분이 된다고 알려져 있다.

한편, 포자엽(실엽)은 끝단에 포자 홀씨주머니군을 만든다. 좌우로 열리는 타입도 있고 아래로 늘어지는 타입도 있다. 개체가 생장하면 포자엽은 사슴뿔 모양으로 갈라지고 잎 뒷면에는 촘촘하게 털이 자라며 잎 끝에 포자낭이 생긴다. 생육 환경에 따라 다르지만 포자엽은 수개월에서 2년 정도 지나면 노랗게 변색하고 나중에 마디(잎이 나 있는 부분)에서 떨어진다. 최근에는 태국을 중심으로 많은 교배종이 만들어지고 있으며 일본에서도 활발하게 생산되고 있다.

박쥐란의 원종은 전 세계에 18종

원산지는 동남아시아, 오세아니아, 아프리카, 남미 등이며 전 세계의 열대지방에 넓게 분포한다.

Platycerium bifurcatum

비퍼카툼

이름은 '갈라지다' 혹은 '포크'를 의미하는 'bifurucate'에서 유래한다. 오스트레일리아 남회귀선 주변에 분포한다. 박쥐란 중에서 가장 키우기 쉬워 입문용으로 적합하다. 새끼 그루도 잘 생기기 때문에 번식도 쉽다. 군생시키는 경우에는 새끼 그루를 적당히 제거해도 좋다. 분포 지역의 대부분은 열대 지역이 아니기 때문에 내한성이 강하고, 잘 자란 개체라면 가벼운 서리를 만나도 시들지 않는다. 서리가 내리지 않는 지역에서는 사계절 내내 실외 재배가 가능하다. 초심자들의 가장 많은 실패 사례는 과습으로 뿌리를 썩히는 것이다. 물이끼 같은 착생재 아래쪽이 마르기 시작하면 물을 주는 것이 좋다. 또한 장기간 집을 비우면서 물을 주지 못한 것도 큰 실패 원인 중 하나다. 여름에는 물을 듬뿍 준 다음 실내에 들여 직사광선이 닿지 않는 곳에 두는 것이 좋다. 착생시켜서 여러 해가 지나면 저수엽이 쌓여 생장점이 앞으로 밀려나온다. 그럼 착생재에서 떨어져 버릴 수 있으므로 수년마다 다시 붙이는 것이 좋다.

Platycerium coronarium

코로나리움

태국, 베트남, 보르네오섬, 말레이 반도, 미얀마, 필리핀, 싱가폴, 리아우 제도, 자바 등 해발 1미터부터 500미터까지 자생한다. 수마트라섬에서는 해발이 높은 어둑어둑한 습지에서도 잘 발견되고 강한 빛 없이도 잘 자란다. 잎이 두껍고 식물 체내에 수분을 많이 머금고 있기 때문에 물을 너무 많이 주면 썩기 쉽다. 한번 활착하면 비교적 튼튼해서 다루기 쉬우며 뿌리가 말라 있다면 저온에도 잘 견딘다. 단, 서리에 견딜 수 있을 정도로 내한성이 강하진 않으므로 겨울철에는 실내에 들이는 등 대책이 필요하다. 포자엽(실엽)은 아주 길게 자라서 2미터에 이르기도 한다. 포자는 숟가락 모양의 포자낭에 생긴다. 종명의 유래는 왕관으로, 성숙한 저수엽의 덩어리 모양을 묘사한 것이다. 저수엽은 윗부분의 녹색 잎을 따라 갈라지고 다른 박쥐란 품종에 비하면 두껍고 코르크 재질이 되며, 밝은 녹색의 밀랍 같은 물질이 있다. 새싹은 이미 존재하는 생장점과 같은 높이로 옆으로 뻗어 나가기 때문에 자생지에서 나무의 줄기에 착생한 것은 같은 높이에서 빙 둘러 나무를 둘러싸듯이 군생한다. 화분에서 재배한다면 이 새싹이 밖으로 나오기 어렵기 때문에 새끼 그루를 만들 때는 착생시키는 편이 좋다.

Platycerium bifurcatum ssp. willinckii

윌링키

자바, 소순다열도 등에 분포한다. 비퍼카툼의 한 아종으로 취급되지만 독립한 종으로 여기는 사람도 있다. 저수엽은 어릴 때에는 둥글고 평평하지만 개체가 성숙함에 따라 위로 솟고 윗부분이 칼로 벤 듯한 모양이된다. 우기와 건기가 뚜렷하게 구분되는 지역에 자생하기 때문에 어느 정도의 건조에는 잘 견딘다. 겨울에는 휴면기에 들어가는데 비퍼카툼만큼 저온에 강하진않다. 최저 15도 이상의 기온과 높은 습도를 유지하고물은 거의 주지 않는다. 빛은 충분히 쪼여 주고 여름에는 낮 시간 이후의 직사광선은 피한다. 표준적인 비퍼카툼에 비하면 생육은 다소 느리다.

Southeast Asia & Oceania
동남아시아&오세아니아

Platycerium wallichii

왈리치

미얀마, 인도차이나, 말레이 반도가 원산지다.
개체가 성숙하면 저수엽과 포자엽이 모두 평평
하고 넓어지며 그 끝이 갈라지는 박력 있는 모
습을 보여주면서 매력을 뽐낸다. 위로 높게 뻗
은 저수엽은 낙엽이나 빗물을 받아내는 역할을
한다. 잎 표면은 이슬방울을 모으는 작용을 하
는 별 모양의 털로 덮여 있어 전체적으로 희다.
태국에서는 홀투미아이와 같은 지역에 자생한
다. 건기와 우기가 뚜렷하게 구분되는 몬순 기
후의 삼림에서 자란다.

Ⓐ

Platycerium holttumii

홀투미아이

캄보디아, 라오스, 베트남, 말레이 반도, 태국의 해발 0~700미터 지역에 자생한다. 몬순 기후의 숲 밝은 곳에서 자라며 강한 빛과 높은 습도를 좋아한다. 또한 추위에는 잘 견디지 못하므로 겨울철에는 충분한 가온이 필요하다. 그런데, 슈퍼범, 완대와 가까운 종이며 그중에서도 완대와 가장 비슷하다. 뿌리 둘레에 난 저수엽의 녹색 부분에 작은 점이 생기지 않는 것이 완대와의 차이점이다. 또한 완대의 저수엽에는 작은 주름이 생기는데 오래된 저수엽에서는 이 특징이 나타나지 않아서 새 잎이 나지 않으면 구별하기가 어렵다. 새싹은 약제에 취약하기 때문에 강한 살충제는 사용하지 않는 편이 좋다.

Platycerium grande

그란데

필리핀 야생종으로 주로 민다나오섬의 해발 0~500미터에 자생한다. 과거에는 마찬가지로 거대해지는 슈퍼범과 동종이라고 여겨졌지만 지금은 필리핀산은 그란데, 오스트레일리아산은 슈퍼범으로 분류한다. 포자엽이 나올 정도로 충분히 자라면 그란데의 포자엽은 커다란 두 개의 열편으로 나뉘고 양쪽 모두에 포자낭이 생긴다. 한편 슈퍼범의 포자엽은 갈라지지 않고 각각의 잎에 큰 포자낭이 하나 달린다. 하지만 그란데 최초의 포자엽은 갈라지지 않고 포자낭도 하나뿐이므로 주의가 필요하다. 겉모습은 슈퍼범과 아주 비슷하지만 그란데가 내한성이 더 약하다. 물을 너무 많이 주면 둘 다 잘 썩는다.

Platycerium ridleyi

리들리

수마트라, 말레이 반도, 보르네오섬에 분포한다. 위를 향해 자라는 포자엽 때문에 인기가 많다. 잎은 폭 1미터까지 자라기도 하는데 박쥐란치고는 크기가 작다. 포자엽이라고 적었지만 비퍼카툼 등의 앞면에 크게 자라는 잎에는 포자가 생기지 않고, 코로나리움과 마찬가지로 개체가 충실하면 포자를 만드는, 숟가락 모양의 전용 잎이 생긴다. 저수엽은 비퍼카툼처럼 방패가 되어 물이나 낙엽을 받아내진 않고 뿌리를 감싸는 외투엽이다. 외투엽은 괴근을 돔형으로 싸서 양배추 모양이 된다. 외투엽 속에는 개미가 집을 짓기도 하는데 다른 곤충도 모여들기 쉬워서 식해를 방지하기 위해 정기적으로 살충제를 살포하는 것이 좋다. 자생지에서는 습도가 높은 수림에서 자라며 하늘이 보이는 높은 나무 위에 자란다. 그래서 재배할 때에는 바람이 잘 통하고 빛이 잘 드는 것이 중요하다. 강가에 자라는 나무에서 자주 발견되기 때문에 습도도 중요하다. 추위에 잘 견디지 못하므로 겨울철에는 따뜻하고 공기 중 습도가 높은 실내나 비닐하우스에서 관리한다.

Platycerium hillii

힐리

오스트레일리아가 원산지다. 힐리의 자생 분포는 매우 제한적으로, 모두 습윤한 열대 저지대에 자생한다. 재배 방법은 비퍼카툼과 비슷하지만 힐리가 추위에 더 잘 견딘다. 강한 빛을 받으면 잎이 잘 타기 때문에 비퍼카툼보다 차광율이 높은 환경에서 키우는 편이 좋다. 저수엽이 나무판 등의 착생재를 따라 평평하게 퍼져 착생재에서 잘 떨어지지 않아 비퍼카툼처럼 떼어내기 힘들다. 다만 물 주기가 불편해질 수 있으므로 목부작을 할 때에는 급수용 튜브를 붙여 두는 등 대책을 마련하는 것이 좋다. 힐리는

비퍼카툼과 매우 가깝고 이 둘의 중간종은 재배 변종으로 다양하게 발견되고 있다. 순수한 힐리의 포자엽은 폭이 넓고 짙은 녹색을 띠며 대부분 털이 없다. 저수엽은 윗부분의 녹색을 따라 둥글게 자라고 칼로 벤 듯 갈라지지도 않고 물결 모양도 전혀 나타나지 않는다. 나무판 뒷면은 평평하고 비퍼카툼처럼 낙엽을 쌓아두는 '집'을 형성하지 않는다. 힐리의 생육에 필요한 환경은 비퍼카툼과 똑같다.

Platycerium superbum

슈퍼범

오스트레일리아 동북부 퀸즐랜드의 해발 0~750미터에 자생한다. 강건하고 수명이 길어서 입문용으로 적합하다. 오래 키우면 착생재와 싹이 분리되어 생육이 둔해지기도 한다. 그럴 때에는 오래된 저수엽을 제거하고 다시 착생시키면 된다. 늘 습윤한 상태로 두면 뿌리가 상하기 때문에 착생시킬 때 물이끼는 소량만 사용한다. 새끼 그루는 생기지 않으며 포자로 번식시킬 수 있다. 슈퍼범은 다양한 광량에서도 잘 자라는데 광량이 너무 많으면 포자엽이 탈 수 있으므로 주의한다. 물 주기를 멈췄을 경우 단기간이라면 빙점 아래를 다소 하회해도 견딜 수 있다. 비료를 좋아하기 때문에 유기질의 고형 비료 등을 저수엽 사이에 뿌려 준다. 오스트레일리아에서는 종종 슈퍼범의 저수엽 속에 채소 찌꺼기를 넣는다. 특히 바나나 껍질을 주면 생육 상태가 좋아진 다고 한다. 저수엽이 새로 나지 않으면 얼마 뒤 개체의 기세가 약해져 결국 말라 죽을 수 있다. 뿌리를 정리해서 다시 착생시키면 기세를 되찾을 수 있다. 포자도 쉽게 얻을 수 있기 때문에 포자로 파종해 보고 싶은 초심자에게 적합한 종이기도 하다. 제대로 착생시키면 슈퍼범은 오래 살기 때문에 추천하는 종이다.

Platycerium wandae

완대

뉴기니가 원산지다. P. wilhelminae-reginae라고 불리는 종도 이 완대를 가리키는 것이다. 왈리치, 슈퍼범, 그란데, 홀투미아이와 나란히 5대 박쥐란속에 속한다. 크게 생장한 것은 저수엽의 폭이 1.5미터에도 이를 정도로 거대하다. 포자엽은 홀투미아이와 비슷하며 큰 것과 작은 것 두 종류가 있으며, 작은 것은 위를 향해 자란다. 고온을 좋아하기 때문에 겨울에도 15도 이상을 유지한다. 물을 거의 주지 않았을 경우 단기간이라면 저온에도 견딜 수 있지만 5도를 하회하면 생육 장애를 일으킨다. 바람이 잘 통하는 환경을 좋아하기 때문에 실내에 둘 때에는 서큘레이터 등으로 바람을 쐬어 주는 것이 좋다. 봄부터 가을에 걸친 생육기에는 차광율을 50퍼센트로 관리한다.

Platycerium bifurcatum ssp. veitchii

베이치

오스트레일리아가 원산지인 박쥐란으로 동부에 분포한다. 베이치의 큰 매력 중 하나는 잎 표면에 성상모라고 불리는 깃털 모양의 기관에서 전체가 새하얘지는 포자엽이다. 포자는 포자엽 끝에 생긴다. 물을 너무 많이 주면 생육이 늦어져 저수엽이나 괴경이 잘 썩는다. 아주 적은 물이끼로 목부작을 하면 과습을 방지할 수 있다. 종자를 쉽게 얻을 수 있기 때문에 번식도 간단하다. 비료를 좋아하므로 유기질의 고형 비료 등을 저수엽 사이에 준다. 살짝 마른 느낌으로 관리하면 추위에도 잘 견딘다.

Africa & Madagascar
아프리카&마다가스카르

잎이 넓은 타입

잎이 좁은 타입

Platycerium madagascariense
마다가스카리엔스

마다가스카르의 해발 300~700미터의 고온 다습한 수림
에 자생하므로 재배할 때에는 습도를 높게 유지해 주어
야 한다. 그러나 지나치게 높은 온도에는 취약해서 바람
이 잘 통하지 않는 온실에서는 여름에 개체를 잃게 된다.
여름철에 옥외에서 재배한다면 바람이 잘 통하는 곳에
매달아 60퍼센트 이상 차광하고, 잎에 물을 분무해서 기
화열을 빼앗아 개체의 온도를 내려야 한다. 여름철에는
냉방을 한 고습도 실내에서 LED 같은 인공조명으로 빛
을 쬐어 주는 사람도 있다. 대부분의 박쥐란속 식물은 빗
물이나 마른 잎을 쌓아 두는 역할을 하는 저수엽이 되는
부분이 돔형이 되어 뿌리를 덮어 물과 양분을 모으는 작
용을 하지 않는다. 그 대신에 뿌리 주변에서 개미가 공생
하고 똥 등을 영양분으로 취한다. 개미와 공생하는 식물
에서 종종 관찰되듯이 마다가스카르엔스에도 아주 많은
벌레가 모인다. 벌레나 민달팽이에게 식해를 당하는 경
우도 많은데, 약제에 강한 편이므로 정기적으로 살충제
를 살포해도 좋다.

Platycerium alcicorne

알시콘

아프리카 대륙 동부, 마다가스카르, 레위니옹섬, 모리셔스 등에 분포하는데 유통되는 개체의 대부분은 아프리카산과 마다가스카르산이다. 아프리카산 알시콘의 잎은 황녹색이며 털이 거의 없고 광택이 난다. 저수엽은 마르면 진한 갈색으로 변한다. 마다가스카르산이 잎의 색이 더 진하고 털이 많다. 아프리카산과 마다가스카르산의 대부분은 계절의 변화에 영향을 받으며 자라기 때문에 열대가 아닌 곳에 분포한다. 늦여름에는 저수엽이 마르고 가을부터 겨울에는 진한 갈색으로 변한다. 겨울에는 휴면하기 때문에 물과 비료를 자제하는 것이 좋다. 아프리카산은 마다가스카르산보다도 건조에 약하지만 대신 번식이 왕성해 군생을 이루기 쉽다. 알시콘을 어떻게 분류할 것인지에 대해서는 여전히 논란이 많으며 시장에서는 종종 비퍼카툼과 혼동되어 유통된다.

Platycerium elephantotis

엘레판토티스

중앙 아프리카 해안을 따라 해발 200~1500미터의 고지대에 분포한다. 삼림이나 숲 속의 초원에서 자란다. 분포적으로 가까운 것은 스테마리아지만 건조한 환경에서 자생한다. 잎의 폭이 넓고 가지가 갈라지지 않는 독특한 모양이 매력적이다. 그 형태와 크기 때문에 Elephant Ear Staghorn Fern (코끼리 귀 박쥐란)이라고도 불린다. 열대의 빛과 고온, 그리고 건기가 있는 환경에서 자생하기 때문에 겨울철에는 물을 아예 주지 않는다. 다습하고 빛이 부족한 환경에서는 개체가 금방 썩어 버리기 때문에 주의한다. 겨울에는 실내에서 관리하고 물은 주지 않는다. 밝고 따뜻한 곳에서 썩지 않게 관리하면 잘 자라고 새끼 그루도 나오기 쉽다. 단, 포기나누기는 새끼 그루가 커지고 나서 하는 것이 좋다. 포기나누기를 하면 절단한 곳이 잘 썩기 때문에 잊지 말고 살균제 등으로 소독해야 한다.

Platycerium ellisii

엘리시

마다가스카르의 온화하고 습도가 높은 지역인 맹그로브 나무 그늘 등에서 자란다. 자생지에는 마다가스카르엔스, 알시콘 등도 자생한다. 알시콘과 가깝지만 엘리시는 잎의 폭이 넓고 끝이 두 갈래로 나뉜다. 봄부터 초여름에 걸쳐 저수엽이 나고, 늦여름부터 가을에 포자엽이 난다. 포자엽은 수분 손실을 막는 밀랍 물질로 덮여 있어 반들반들 광택이 난다. 저수엽이 얇아서 많은 물을 비축하지 못하기 때문에 저수엽 사이에 물이끼를 넣어 주면 생육 상태가 좋아진다. 새끼 그루가 나오지 않는 경우에는 다시 잘라내면 포자가 잘 생긴다. 목부작을 추천한다. 착생시킬 때에는 개체와 착생재 사이뿐만 아니라 다른 종에 비해 넓은 저수엽 사이사이에도 물이끼를 충분히 채워 두는 것이 좋다. 다시 착생시키면 새싹이 나고 동시에 뿌리도 자라기 시작하는데, 이대로 두면 뿌리가 착생재뿐만 아니라 저수엽 사이로도 뻗어 나갈 수 있다.

Platycerium quadridichotomum
쿼드리디코터멈

마다가스카르의 삼림에 자생하며 수목이 아니라 석회암에 착생하는 경우가 많다. 종소명은 포자엽이 네 갈래로 나뉘는 경우가 많은 데에서 유래했다. 박쥐란 중에서도 가장 드물고, 재배법이 잘 알려지지 않은 것 중 하나다. 마다가스카르산 박쥐란 4종 중에서 유일하게 섬 서쪽 건조 지역에 생식한다. 이 지역은 건기가 6개월간 계속되는 지역이지만 곳곳에 습도가 높은 계곡이 있기도 하다. 건기는 겨울에 찾아온다. 재배할 때에는 온도가 낮은 시기에는 완전히 물을 끊기보다는 살짝 마른 느낌으로 관리한다. 겨울철에도 너무 추운 환경에 노출시키지 않아야 잘 자란다. 건조한 시기를 맞이하면 저수엽은 마르고, 포자엽은 세로로 둘둘 말려 버린다. 이는 표면적을 줄이고 체내의 수분을 가능한 한 잃지 않기 위해서다. 크기는 작지만 독특한 박쥐란이다.

Platycerium stemaria
스테마리아

열대 아프리카 중부와 동부, 아프리카 서해안을 따라 있는 섬들의 해발 0~1000미터 지역에 분포한다. 저수엽은 키가 크고 폭이 넓으며 끝이 물결처럼 굽이친다. 두께가 얇고 잎과 잎 사이가 넓어서 낙엽 등이 잘 쌓인다. 스테마리아는 엘레판토티스보다 습윤한 곳에서 자라는 경우가 많다. 나무 위 그늘진 곳에서 많이 발견되지만 어느 정도의 빛의 세기는 필요하다. 적은 빛으로 뿌리 주변을 늘 촉촉하게 유지하면 생기 넘치는 짙은 녹색의 포자엽과 키가 큰 저수엽이 나서 아주 멋진 수형이 완성되지만 이런 환경에서는 포자엽이 성숙하지 않는다. 차광율 50퍼센트 정도의 밝기에서 물이끼가 어느 정도 마르면 물을 주는 것이 좋다. 물 주기가 적절하다면 새끼 그루도 쉽게 번식한다. 큰 포자엽은 바람을 맞으면 잘 상하므로 바람이 빠져나가지 않는 곳에서 관리하는 것이 좋다.

South America

남아메리카

Platycerium andinum
안디넘

남아메리카가 원산지인 유일한 박쥐
란이다. 페루와 볼리비아에 걸친 안데
스산맥의 동사면측 해발 300미터 지
대에 분포하는 것으로 알려져 있으며,
종소명은 안데스산맥에서 따왔다. 개
체마다 재배 난도나 온도에 대한 감
수성에 차이가 커서 개체의 성질을
파악하면서 키울 필요가 있다. 자생지
에서는 포자엽이 2미터 이상 자라지
만 재배 환경에서 그렇게까지 자라는
경우는 드물다. 포자엽은 초여름부터
나오기 시작하는데 저수엽은 생육기
후반부터 나온다. 같은 개체에서 얻은
포자라 하더라도 생육 속도가 완전히
다를 정도로 개체차가 크다. 포자 날
림의 좋고 나쁨에도 개체차가 있어서
새끼 그루의 생육에도 차이가 나타날
때가 있다. 어느 개체든 물을 주고 나
서 뿌리 주변이 확실하게 마를 때까
지 기다렸다가 다시 물을 주는 것이
좋다. 뿌리 주변이 늘 축축하면 뿌리
가 썩을 수 있으므로 주의가 필요하
다. 작은 개체의 뿌리가 더 잘 썩으므
로 어느 정도 생장한 개체를 구입해
서 키우기 시작하는 것이 무난하다.

A

선발 품종과
교배종

박쥐란은 포자를 배양할 때부터 많은 변종이
생기는데 그중 선발된 개체에 상품명이 붙어
유통된다. 개체의 특징 및 정의는 어디까지나
생산자(교배자)의 기준에 따른다.

P.veitchii cv. Auburn river

오번 리버

P.willinckii cv. celso tatsuta

월링키 셀소 타츠타

P.willinckii

월링키 포자 배양 개체

P.veitchii 'Lemoinei'

레모이네이

P.foongsiqi

풍시키 포자 배양 개체

A

P.Durval Nunes
(*madagascariense×P.stemaria*)
두발 누네스

A

P.ziesenhenne
지센헨네

A

P.African Oddity
아프리칸 오디티

W

P.buildly
빌들리드 워프

#

P.Grandeer
그란딜

P.bifurcatum
비퍼카툼 변종

A

W

P.Dawboy
도보이

A

#

P.ss Foong
풍

P.Budsaba
붓사바

W

P.jims
짐스

P.hillii cv.
게이샤

P.superbum dwarf
슈퍼범 드월프

P.kitshakood
킷샤쿠드

P. hillii cv. Panama
힐리 파나마

P.Callard 칼라드

P.Erawan 에라완

P.Mt.lewes 마운트 루이스

P.horne's surprise
혼즈 서프라이즈

P.Lucy 루시

박쥐란

화분에 심은 개체의 포기나누기

협력 ajianjijii

꽃집에서는 화분에 심긴 비퍼카툼이나 알시콘 같은 비교적 건강한 품종이 많이 유통된다. 화분에 어린 개체 몇 개를 넣어 1~2년 이상 재배한 것이기 때문에 화분 하나에 여러 개체가 들어 있고 뿌리도 가득 차 한계에 이른 상태다.

저수엽 등이 상하지 않도록 주의하면서 플라스틱 화분에서 개체를 빼낸다. 토기 화분은 뿌리가 도자기면에 붙어 있기도 한다. 필요에 따라 얇은 주걱 등을 이용해 화분 안쪽에서 떼어낸다.

화분 속 뿌리는 밀집되어 있으므로 새끼 그루에 뿌리가 확실히 달리게 잘라내는 것이 좋다.

크고 작은 개체를 각각 잘라서 나눈다. 목부작은 기본적으로 개체 하나로 만든다. 여러 개를 군생시키면 저수엽이 아름답게 자라지 못한다.

목부작

박쥐란의 자연스럽고 아름다운 모습을 즐기기 위해서는 생장점이 옆을 향하고 포자엽이 수평으로 자라야 한다. 나무판은 무엇이든 좋지만 오래전부터 귀하게 여겨져온 헤고(헤고판)는 물 빠짐이 빨라서 초심자에게는 적합하지 않다.

개체의 위아래(하늘과 땅)를 확인한다. 어떤 박쥐란이든 오래된 포자엽에는 개체 위쪽에 새싹이 난다. 새싹 쪽을 위로 가게 두고 나무판에 세팅한다. 뿌리가 자라 나무판에 직접 활착하기 때문에 뿌리가 잘 자랄 수 있게 접지면에 물이끼를 깔고 정리한다.

물이끼로 표면을 덮어 뿌리가 마르지 않게 보호한다. 그 속에서도 뿌리는 뻗어 나간다.

개체를 실로 고정하기 전에 임시로 고정한다. 실은 니트용 미싱실을 추천한다. 수축하기 때문에 개체가 느슨해지지 않고 확실하게 고정시킬 수 있다. 나일론 실처럼 반짝이지 않아 눈에 잘 띄지 않고 행여 끊어지더라도 잘 느슨해지지 않는다.

개체의 생장점이 다치지 않도록 개체에 실을 ×자 모양으로 걸어 나간다.

5

목부작이 완성되면 물을 듬뿍 준다. 뿌리의 양이 전보다 줄어들었기 때문에 뿌리가 자랄 때까지는 물이끼가 마르지 않도록 신경 써서 물을 준다.

마다가스카리엔스

새끼 그루 분리와 목부작

마다가스카리엔스도 생장하고 환경에 적응하면 새끼 그루가 왕성하게 자란다. 둥근 저수엽 주위에 새끼 그루가 자라는데,
10센티미터 정도가 되면 따로 떼어내 목부작할 수 있다.

새끼 그루의 뿌리를 물이끼와 함께 절단한다. 새끼 그루에 많은 뿌리가 달리도록 가위를 깊게 넣는다. 얇은 주걱을 사용해 나무판과 분리한다.

새끼 그루의 뿌리를 잡고 잎이 상하지 않도록 조심히 떼어낸다.

새끼 그루를 제거한 어미 그루의 저수엽 아래에 틈이 생긴다. 나무젓가락 등을 사용해 물이끼를 채워 넣고 형태를 되돌린다.

중심에 있는 생장점을 확인하고 새 싹이 위를 향하게 둔다.

준비한 나무판에 물이끼를 깐다. 마다가스카리엔스는 물이 없는 환경에 매우 취약하기 때문에 뿌리가 적은 새끼 그루에는 충분한 양의 물이끼가 필요하다.

비닐끈은 평평하게 하고 나서 마는 것이 요령이다. 넓적한 테이프는 단단해서 잎을 상하게 할 수 있으므로 주의한다.

×자로 두르고 나서 새 저수엽을 위로 꺼내고 자른다. 양옆으로 물이끼가 삐져 나오지 않도록 끈의 폭을 이용해서 고정한다.

나무판 뒷면이 깔끔해지도록 끈을 두르는 것이 ajianjijii만의 요령이다.

목부작이 완성되면 물을 듬뿍 준다. 뿌리의 양이 전보다 줄어들었기 때문에 뿌리를 감싼 물이끼가 마르지 않도록 신경 써서 물을 준다.

나뭇가지 부작

협력 DriftWood & SmokeyWood

박쥐란의 야성미 넘치는 모습을 즐기기 위해 나뭇가지에 붙이는 스타일도 있다.
목부작이나 나뭇가지에 붙어 있던 모습을 살려서 코르크 가지에 말아서 붙였다.

개체의 위아래(하늘과 땅)를 확인한다. 포자엽의 새싹이 위로 가게
두고 최종 각도를 생각하며 세팅한다.

나뭇가지에 붙이고 위치와 뿌리의 형태를 확인한다. 저수엽 안쪽에
뿌리가 나기 때문에 마른 뿌리는 제거해서 정리한다.

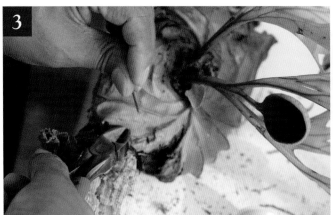

나뭇가지에 붙일 위치를 확인하고 좌우를 결속 밴드로 고정한다.

여분의 저수엽의 마른 부분을 잘라낸다.

나뭇가지와 뿌리 사이에 수분을 듬뿍 머금은 물이끼를 조심스럽게 채워
뿌리가 마르지 않게 보호한다. 그 속에서도 뿌리가 나기 때문에 빈틈 없
이 채운다. 필요에 따라 수축하는 니트용 미싱실로 물이끼를 고정한다.

완성

나뭇가지 부작이 완성되면 물을 듬뿍 준다. 뿌리가 자랄 때까지
뿌리를 감싼 물이끼가 마르지 않도록 신경 써서 물을 준다.

박쥐란 재배의 기본

큰 개체는 두꺼운 코르크판이나 평평한 나무판에 밀착시켜서 재배한다. 소형 모종은 관엽식물처럼 화분에 심겨 유통되는데, 가장 많이 유통되는 것은 인도네시아, 태평양제도, 오스트레일리아가 원산지인 비퍼카툼이다. 박쥐란은 마다가스카르가 원산지로 자생지도 다르다. 예민해서 재배가 어렵다고 알려져 있지만 기본적인 재배 지식을 갖추고 있다면 일반적인 주택 환경에서도 크게 생장시킬 수 있다. 박쥐란 중에서도 강건한 비퍼카툼과 마다가스카리엔스의 관리 포인트에 대해 알아 보자.

1 | 생장 사이클과 재배 환경

박쥐란은 실내 재배에 적합한 관엽식물이라고 널리 알려져 있지만 개체의 건전한 생장을 생각하면 1년 내내 실내에서 관리하기는 어렵다. 나무 위에 자라는 박쥐란은 고온 다습한 우기에 생장하고 온도가 낮은 건기에는 생장을 멈춰 버린다. 일본에서는 봄부터 가을까지 생장하고 겨울에 휴면하는 타입이 많은데, 온도가 높은 한여름에 생장을 멈춰 버리는 것도 있다. 재배 환경에 따라 개체차가 있기 때문에 생장 사이클을 뭉뚱그려서 특정하기는 어렵다.

2 | 장소

일본에서는 봄부터 여름에 걸쳐 생장하기 시작하는 품종이 많은데 이 시기에는 베란다 같은 반음지에서 관리한다. 한여름에도 반음지에 두는 것이 좋다. 실내에서 재배할 때에는 가능한 밝은 창가에 둔다. 에어컨의 온풍이나 냉풍이 직접 닿으면 잎이 상할 수 있으므로 주의한다.

3 | 물 주기와 뿌리의 관계

뿌리는 저수엽에 숨어 있어 볼 수 없지만 뿌리의 상태가 생육을 좌우한다. 건조에 강하고 약하고는 뿌리의 강도와 관계가 깊다. 마다가스카리엔스의 뿌리는 다른 종에 비해 건조에 약할지도 모른다. 개체의 크기도 일반적으로 20센티미터 정도이기 때문에 보수력도 약해서 물을 자주 줘야 한다. 마다가스카리엔스는 한 번 뿌리가 말라 버리면 부활시키기 어렵다. 다른 종에 비해 뿌리가 약해서 재배가 어렵다고 알려져 있다.
어느 품종이든 뿌리를 감싸고 있는 물이끼 표면이 완전히 마르지 않게 관리해야 한다. 그러나 늘 축축하게 젖어 있으면 뿌리가 호흡할 수 없어 뿌리가 썩기도 한다. 1년 내내 딱 좋은 상태를 유지하며 물을 주는 것이 관건이다. 큰 개체는 표면이 말라도 중심까지 마르진 않는다. 반면에 작은 개체는 물 주기를 게을리 해서 물이끼가 바싹 말라 버리면 물을 가득 채운 양동이에 개체 전체를 담가 중심까지 적셔 준다. 물이끼가 완전히 말라 버리면 공기층이 생겨 수분이 잘 흡수되지 않는다. 기온이 높을 때에는 분무기로 잎에 물을 뿌려 주는 것도 효과적이다.

4 | 비료

박쥐란은 나무 위에 착생해서 저수엽에 쌓인 자신의 마른 잎이나 뿌리를 분해해 소량의 영양분을 취하며 살아간다. 비료를 거의 사용하지 않고 재배할 수도 있지만 생장기에는 정규량 이하로 희석한 비료를 주는 것도 좋다.

겨울나기
비퍼카툼은 추위에 견딜 수 있기 때문에 5도 정도까지는 문제 없으며 실외에서도 관리할 수 있다. 겨울철에 개체는 휴면 중이기 때문에 무가온 온실에서 재배하는 경우에는 물 주기는 자제해 뿌리가 썩는 것을 방지한다(단, 뿌리가 완전히 말라 버리면 위험하다). 마다가스카리엔스는 10도 이상의 실내에서 관리한다. 겨울철 실내는 건조하기 때문에 개체 전체를 큰 비닐 봉지로 덮어서 뿌리가 마르지 않도록 가습하는 것이 좋다.

해충
큰 개체에는 초파리나 개미가 꼬이기도 한다. 최근 동남아시아에서 수입된 개체도 많이 유통되고 있는데, 잎이 달린 부분 등에서 점박이응애가 발견되었다면 시판 살충제로 제거한다. 독성이 약한 스미티온 같은 용액을 양동이에 희석해 개체 전체를 담그면 효과적이다. 작업은 반드시 실외에서 해야 한다.

병
잎의 생기가 사라지거나 저수엽에 상처가 생겼다면 뿌리가 약해진 것이다.

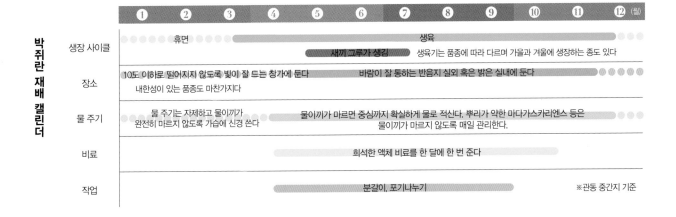

		①	②	③	④	⑤	⑥	⑦	⑧	⑨	⑩	⑪	⑫ (월)
박쥐란 재배 캘린더	생장 사이클	휴면						생육					
					새끼 그루가 생김			생육기는 품종에 따라 다르며 가을과 겨울에 생장하는 종도 있다					
	장소	10도 이하로 떨어지지 않도록 빛이 잘 드는 창가에 둔다					바람이 잘 통하는 반음지 실외 혹은 밝은 실내에 둔다						
		내한성이 있는 품종도 마찬가지다											
	물 주기	물 주기는 자제하고 물이끼가 완전히 마르지 않도록 가습에 신경 쓴다				물이끼가 마르면 중심까지 확실하게 물로 적신다. 뿌리가 약한 마다가스카리엔스 등은 물이끼가 마르지 않도록 매일 관리한다.							
	비료				희석한 액체 비료를 한 달에 한 번 준다								
	작업				분갈이, 포기나누기							※관동 중간지 기준	

111

포자 재배

협력 moonrabbit

박쥐란은 잎 뒷면에 생기는 포자를 공중에 뿌려 번식한다. 이는 생장한 포자엽 뒷면을 관찰하면 쉽게 이해할 수 있다. 종자를 만들어 자손을 늘리는 식물을 종자식물이라고 하는데, 이끼와 양치식물은 종자를 만들지 않는다. 양치식물은 종자식물과 마찬가지로 뿌리, 줄기, 잎, 유관속이 있지만, 원시 식물인 이끼에는 없다. 그래서 양치식물과 이끼가 어떻게 번식하는지를 간단한 방법을 통해 관찰해 보았다.

하지만 양치식물의 포자가 수 센티미터의 생체로 생장할 때까지는 거의 2년의 시간이 필요하다. 자연계에서 무수히 많은 포자를 퍼뜨리는 박쥐란이 얼마나 많은 자손을 남기고 있는지 상상하면 이 식물의 매력이 한 층 더 깊어진다.

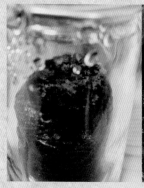
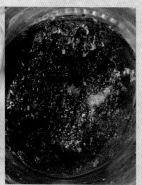

1

포자엽의 포자낭에서 얻은 포자를 습도가 높은 파종토 포트(열탕으로 되돌린 지피 펠렛)에 뿌려 보았다. 병은 간단히 소독해 두었는데 얼마나 의미가 있을지 모르겠다.

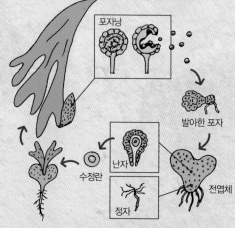

2

2~3개월 정도 흐르면 녹색 알갱이가 보인다. 이것이 이미 엽록체를 갖고 있는 어엿한 식물인 전엽체이며 서서히 생장해 간다. 양치식물보다 원시적인 이끼는 이 전엽체에 가까운 식물이다.

3

이 전엽체가 생장하면 그 한 장의 잎의 위에서 난자와 정자를 만들 수 있다. 자연계에서는 비가 흠뻑 내려 젖은 상태가 되면 정조기에서 정자가 흘러나온다. 불과 1밀리미터도 되지 않는 거리지만 물에 휩쓸린 정자는 다른 전엽체의 정조기에서 나온 난자와 수정하는 것이다. 품종이 다른 전엽체에서 나온 정자와 난자가 수정하면 새로운 교배종도 탄생하는 식이다.

전엽체 안에 긴 잎이 보이기 시작했다. 이것이 포자엽일까?

4

그리고 수정란에서 새로운 이끼(어린 식물체)가 태어난다.

5

포자엽이 확인되었기 때문에 물이끼를 넣은 플라스틱제 식품 보존 용기에 이식했다. 박쥐란다운 모습을 볼 때까지는 1년 이상 걸리는 듯하다.

6

2년이 흘러도 1~2센티미터 정도밖에 자라지 않는다. 온도와 습도가 유지되지 않으면 금방 말라 버린다.

A to Z Owner's Story

기묘한 식물을 다루는 식물 가게에는 고집이 느껴지는 주인과 그들이 엄선한 식물이 모여 있다. 식물을 찾고 가게를 찾기 전에 주인의 식물 취향을 먼저 살펴보자.

A ajianjijii

취미로 헤고 같은 양치식물을 재배하던 중 박쥐란 수집가를 만났다. 당시 일본에는 드물었던 마다가스카르엔스를 재배하는 데 푹 빠져 안정적으로 새끼 그루를 번식시키기에 이르렀다. 아직 유통은 제한적이지만 야후 옥션에서 'ajianjijii'라는 이름으로 판매 중이다. 개체는 모두 해외에서 들여온 것이 아니라 자택 온실에 있는 어미 그루에서 나온 것이다. 재배 및 관리 방법을 친절하게 설명해 줘서 호평을 얻고 있다.

ajianjijii

B BOTANIZE Shirokane

Ken YOKOMACHI

요코마치 켄은 2012년에 처음 괴근식물을 만났는데 그 복선은 유소년기에 있었다. 분재가 취미인 아버지의 손에 이끌려 원예점을 돌아다녔고 씨 뿌리기를 즐겼다고 한다. 어떤 품종이 궁금해지면 닥치는 대로 사 모으는 것은 부친을 쏙 빼닮았다. 괴근식물 유행에 불을 지핀 인물로 알려져 있는데, 이 수집벽이 원동력이 되었는지도 모른다. 식물이 있는 풍경을 연출해 온 요코마치 켄은 앞으로도 눈을 뗄 수 없는 존재다.

BOTANIZE Shirokane (보타나이즈 백금)
주소: 도쿄 미나토구 시로카네 5-13-6 ANEA빌딩 3~4층
전화: 03-6277-2033
영업 시간: 12:00~19:00(월요일은 16:00~)
정기 휴일: 매주 수요일
홈페이지: http://shop.anea.jp

C 군마 선인장 클럽

1955년에 발족한 국내 유수의 역사를 자랑하는 선인장 및 다육식물 동호회다. 매년 전시 및 판매 행사를 4회, 군마현 외 매장 방문을 3회, 회원 재배장 견학 모임을 2회 실시한다. 연말에는 군마현 내 온천지에서 숙박 친목회를 개최한다. 평소 회원 간 교류나 정보 교환이 활발해 연령을 불문하고 즐길 수 있는 모임이다. 일찌감치 인스타그램 계정을 만들어 활동 모습을 업로드하고 있다. 현재 회원 수는 63명이다.

인스타그램 @gunmacactus

D 하나덴

주로 다육식물, 장미, 다년초를 판매한다. 특히 최근 유행하는 다육식물은 연간 1000품종 정도 취급하고 있으며 국내외에서 진귀한 품종이 입고된다. 또한 주인장의 판매 경력이 길어서 세세한 상품 설명을 들을 수 있고, 매장에 생산 시설이 갖춰져 있어 식물의 컨디션이 좋은 것도 큰 강점이다. 후쿠오카현 내는 물론이고 다른 지역에서도 많은 사람이 찾아온다.

Takahiro KAETSU

하나덴(花伝)
주소: 후쿠오카현 구루메시 기타노쵸 가나시마 122-7
전화: 0942-78-7388
정기 휴일: 매주 목요일(공휴일은 영업)
홈페이지: http://hanaden.area9.jp

E curious plants works

- 2013년에 식물의 매력에 빠져 산세베리아, 박쥐란, 난초를 비롯해 아데니움, 파키포디움, 소철 등 다양한 식물을 수집했다.
- 2015년에 인터넷 숍을 오픈했다.
- 2017년에 실제 매장(sette)을 오픈했고, 주로 아프리카, 아메리카, 멕시코가 원산지인 식물들(파키포디움, 아가베, 알로에, 선인장 등)을 취급한다. 가게 주인의 취향이 반영된 식물만을 모아서 판매한다.

sette
주소: 가가와현 다카마쓰시 이치노미야마치 1628-4 2층
전화: 087-899-6805
영업 시간: 12:00~18:00(월요일만 16:00~)
정기 휴일: 매주 수요일, 목요일(공휴일은 영업)
홈페이지: curiousplantsworks.com

SONAE

아가베 지에스브레티(Agave ghiesbreghtii)

F 우치다 농원

The only plant in the world -UCHIDANOUEN-

식물 재배 경력 20년. 아가베, 유카, 다실리리온, 쿠산토로데마, 야쓰, 소철 등 희귀식물 전문점이다. 정원 가꾸기에 적합한 내한성이 강한 식물부터 실내에서 즐길 수 있는 작은 품종까지 다수 판매하고 있다. 아가베 등의 실생에도 힘을 쏟고 있어 판매 중인 개체는 실생 모종부터 대형 개체까지 다양하다. 1년에 3번(변동 있음) 전시 및 판매 이벤트를 진행하며 밭에서 자란 실생 개체부터 수입 개체까지 약 500주를 특별한 가격으로 판매한다.

우치다 농원(内田農園)
주소: 야마나시현 카이시 시모이마이 923
전화: 0551-30-9377
영업 시간: 9:00~18:00
정기 휴일: 비정기 인스타그램 @uchidanoen

Takashi UCHIDA

G Gran Cactus

Tsutomu SATO

선인장과 다육식물 3000종 이상을 취급하는 유명 직판 식물재배원. 운영자 사토 쓰토무 씨는 소년기 때부터 선인장을 50년 이상 재배했다. 초심자부터 애호가까지 친절하게 설명해 주는 것으로 호평을 얻고 있다.

Gran Cactus
주소: 지바현 인자이시
　　　인자이소후케 덴노사키 1081
전화: 0476-47-0151
영업 시간: 9:00~17:00
정기 휴일: 매주 월요일~목요일
홈페이지: http://www.gran-cactus.com

H 다이쇼도

1924년에 창업한 동물용 의약품 및 농업 자재 전문 상사지만 2016년경부터 원예식물과 함께 희귀식물도 취급한다. 점포 앞을 지키는 혼마 요스케 씨는 농업 작물 관리 경력 덕분에 폭넓은 지식을 갖추고 있어 괴근 루팅 관리에 대해서도 조언을 구할 수 있다.

다이쇼도(大正堂)
주소: 도치키현 나스시오바라시
　　　미나미고야 4-31
전화: 0287-46-5266
영업 시간: 8:30~18:00
홈페이지: http://taishodou-shop.jp

TAISHODO

Yosuke HONMA

I 이슬라 델 페스카도(isla del pescado)

세계 51개국을 다니며 각지의 선인장 및 다육식물에 매혹되었다. 국내에 다육식물과 코덱스 재배 정보가 빈약했던 때부터 웹사이트에 자신이 소유하고 있는 품종이나 재배 정보를 공유했다. 해당 사이트는 괴근식물 팬들에게 입문서로서 유명하다.

홈페이지: http://isladelpescado.com

isla del pescado

J Bloomsbury PLANTS

FUKADA

Bloomsbury PLANTS
주소: 후쿠오카현 후쿠오카시 쥬오구
　　　덴진 2-4-20 덴진 프랏사 7층
전화: 092-781-6452
영업 시간: 10:00~19:00
정기 휴일: 매주 월요일 및 셋째 주 화요일
홈페이지: https://bloomsburyplants.com

취미로 식물을 키울 때부터 포함해 약 30년간 식물과 함께했다. 10년 전쯤 아데니움이라는 코덱스를 만났고, 그 후 다양한 희귀식물을 접하며 현재에 이르렀다. 수입업자나 생산자에게 다양한 정보나 노하우를 얻어 2018년 9월에 인터넷숍을 열었다. 그리고 미용실 '블룸즈버리' 한 켠에서 식물을 판매하고 있다. 도예가였던 부친의 오리지널 화분이나 인기 도예 작가의 화분에 코덱스나 희귀식물을 심어 독특한 세계관을 연출하고 있다. 파키포디움 같은 코덱스를 비롯해 아가베나 코피아포아 등 기묘한 식물을 취급한다.

K 케무리 라디오

관목계 괴근식물을 주로 키우는 애호가로 파키포디움 등의 실생 모종이나 희소종을 수입하기도 한다. 수는 적지만 콜렉션의 일부를 야후 옥션 같은 옥션 사이트에 출품하기도 한다. 식물의 개성을 중시한다. 일기처럼 엮은 설명문은 볼 만한 가치가 있다.

kemuriradio

NAKANOSTORE

6년 전쯤부터 다육식물에 매료되어 자신의 온실에서 많은 품종을 키워 왔다. 그리고 2년 후 더 많은 사람들에게 다육식물의 재미와 멋을 전하고 싶어 그곳에 나카노 스토어를 열었다. 주로 선인장, 유포르비아, 괴근식물을 취급하고 드라이 플라워도 판매한다. 가장 좋아하는 식물은 사진 속 아데니아 페추엘리라는 매우 희귀한 괴근식물이다.

NAKANOSTORE
주소: 오카야마현 오카야마시
　　　기타구 다마치 1-3-4 2층
전화: 0862-38-2838
영업 시간: 10:00~19:00
정기 휴일: 매주 수요일
홈페이지: https://nakanostore.
　　　　　stores.jp/

NAKANO

mana's green

기치조지역 도보 1분 거리에는 mana's green 매장이 있고, 도코로자와에는 생산 관리 시설인 mana's farm이 있다. 괴근식물 애호가들에게 사랑받는 가게로, 손님의 환경에 적합한 재배 방법을 상세히 설명해 준다.

mana's green
주소: 도쿄도 무사시노시 기치조지
　　　미나미마치 1-1-2 안도빌딩싱크 5층 1호실
전화: 0422-26-6027
영업 시간: 평일 12:00~19:00 주말 10:00~18:00
정기 휴일: 매주 월요일

Ryunosuke MANAKA

메노스야마

이시이 카즈아키 씨는 지금까지 '아가베 산', '오베사 산', '마다가스카르 바이킹' 등 새로운 조류의 중심에 있는 숍을 주최해 왔다. 2008년경 고엔지에서 헤어살롱 'studio menos'를 시작했는데, 매장 앞에 잡화나 헌옷을 진열해 키오스크 느낌을 연출했다. 학생 시절부터 식물 애호가였던 카즈아키 씨는 매장에서 개성 있는 화분을 판매하기도 했다. 이것이 식물 가게 '메노스야마'의 시작이었다. 카즈아키 씨가 만든 공간에서는 '타케로 포트'를 비롯해 도예가들과의 협업도 끊임없이 계속되고 있다. 그것은 마치 자연에 뿌리 내린 식물이 가지와 잎을 뻗는 모습처럼 보인다.

메노스야마(芽の巣山)
주소: 도쿄도 스기나미구 고엔지 미나미
　　　4-24-1 제2시모다빌딩 1층
전화: 03-3315-3899
영업 시간: 평일 13:00~20:00
　　　　　주말 및 공휴일 11:00~18:00
정기 휴일: 매주 화요일
홈페이지: https://giftbymenos.com/

MENOSYAMA

Kazuaki ISHII

타니군 공방

1998년에 다육식물을 전문으로 생산 및 판매하는 타니군 공방을 열었다. 어릴 적부터 꽃 모종을 생산하는 부모님을 도우며 흙 만들기부터 교배 작업까지 경험했다. 그 후 타키이 종묘의 전문학교에서 본격적으로 식물에 대해 공부하며 토대를 다졌다. 한마디로 코넥스나 에케베리아, 메셈 등 다양한 다육식물의 성질을 파악해 일본의 기후에 맞춰 재배 및 판매하고 있다. 인터넷숍에서는 직접 교배한 실생 모종뿐만 아니라 해외에 직접 나가 수입하고 있는 식물도 판매하고 있는데, 양생 루팅 관리를 하고 있기 때문에 안심하고 구매할 수 있다. 수년 전부터 자신이 가장 좋아하는 유포르비아 교배를 시작해서 '미라클 파리다'라고 이름 붙인, 줄무늬가 진하고 선명한 교배종을 만들어냈다. 아직 판매량은 적지만 앞으로 점차 늘려나갈 예정이라고 한다.

타니군 공방
전화: 050-8022-1502
홈페이지: https://tanikkunkoubou.com

Shuichi MATSUOKA

QS PLANT

식재나 식물 대여 사업을 하는 '주식회사 퀵 실버'의 업무와 병행해서 2017년 3월에 다육식물과 코넥스를 메인으로 하는 인터넷숍을 열었고, 2018년 4월 기치조지에 오프라인 매장을 열었다. 기치조지역 번화가에서 도보 5분 정도 떨어진 조용한 거리에 있는 가게에는 보급종, 희귀종을 불문하고 가게 주인의 취향이 가득 반영된 식물이 놓여 있다. 공간이 편안해서 처음으로 재배할 식물부터 콜렉션에 추가할 식물까지 느긋하고 신중하게 고를 수 있다.

OTSUKI

QS PLANT
주소: 도쿄도 무사시노시 기치조지 혼마치 2-34-15 닛카빌딩 3층
전화: 0422-27-2312
영업 시간: 비정기(인스타그램에 공지)
홈페이지: https://quicksilver1981.com/

쿠사무라

2012년 주인장 오다 코헤이 씨는 히로시마에서 '쿠사무라'를 열었다. 시간을 거듭한 선인장의 오래된 모습을 있는 그대로 표현하며 세계적 패션 브랜드와 협업하며 주목을 모았다. 척박한 환경에서 생장의 흔적을 고스란히 담은 선인장은 호의적인 표정을 짓고 있다고 오다 씨는 말한다. 또한 식물의 개성을 도려내야 이 가치관이 보인다고 말한다. 식물에 대한 새로운 접근 방식은 수많은 사람에게 영향을 미치고 있다.

Kohei ODA

Qusamura Hiroshima (쿠사무라 히로시마)
주소: 히로시마현 히로시마시 니시구 미사사 기타마치 1-34 1층
전화: 082-836-7107
팩스: 082-836-7107
영업 시간: 12:00~19:00
정기 휴일: 매주 화요일

Qusamura Tokyo(쿠사무라 도쿄)
주소: 도쿄도 세타가야구 4-3-12
전화: 03-6379-3308
영업 시간: 13:00~19:00
정기 휴일: 매주 화요일

Ronjin Botanical GALLERY

Shinji MOCHIZUKI

시즈오카 야이즈에서 광석과 희소천연석을 취급하는 'RONJIN 류쇼'에서 아가베를 취급하게 된 지 2년. 주인장 모치즈키 신지 씨의 아가베 콜렉션은 순식간에 애호가들의 이목을 끌었다. 양질의 대형 개체가 늘 30개 이상 진열되어 있다.

Ronjin Botanical GALLERY
주소: 시즈오카현 야이즈시 에키키타 2-1-1 리 엔블루 아이즈 1층
전화: 054-625-7220
영업 시간: 11:00~19:30
정기 휴일: 매주 월요일

사보텐 옥션 일본

마다가스카르에서 온 괴근식물을 재빨리 일본에 소개해 온 구리하라 씨. 수입된 개체를 국내에서 루팅시킨 '완전 루팅 개체'는 구리하라 씨가 고집하는 형태로 생장한 것들이다. 현재 선발된 아름다운 국내 실생 그락실리우스도 자라고 있다.

주소: 지바현 요쓰가이도시 야마시 1418
전화: 043-432-9069
홈페이지: http://www.togo1.com

Togo KURIHARA

ISHII PLANTS NURSERY

유소년기부터 자연과 교감하는 것을 좋아했으며 농업고등학교에서 공부하며 식물로 먹고 살아야겠다고 결심했다고 한다. 식물재배원을 열고 나서는 중남미나 아프리카가 원산지인 다육식물을 취급하고 있으며, 식물이 갖는 본래의 아름다움과 특성을 이끌어낼 수 있는 방향으로 재배하고 있다. 창업 10주년을 맞이하며 더 충실한 식물 라인업을 목표로 하고 있다.

이시이 플랜츠 너서리
(ISHII PLANTS NURSERY)
이벤트 출점 정보는 인스타그램 계정에서 확인할 것.
인스타그램 @ishiiplantsnursery

Toshiki ISHII

TARGETPLANTS

도쿄의 식물 전문점에서 5년 정도 근무한 후 2010년에 오사카에 매장을 연 구라하시 켄이치 씨. 식물재배 경력은 화훼 업계 경력과 거의 비슷해 16년 정도. 연간 수차례 태국에서 직접 매입해 오거나 일본의 생산자에게서 구입한 식물을 중심으로 재배하기 쉬운 품종을 빠짐없이 취급한다. 식물이라면 무엇이든 좋아하지만 실내 관엽식물에 관한 지식이 특히 풍부하다.

Kenichi KURAHASHI

Platycerium bifurcatum ssp. veitchii

TARGETPLANTS (타겟 플랜츠)
주소: 오사카시 기타구 고바이치쵸 6-21 301호실
전화: 06-6354-0203
영업 시간: 평일 13:00~19:00
　　　　　주말 및 공휴일 13:00~17:00
정기 휴일: 매주 화요일
홈페이지: http://targetplants.jp/

SLAVE OF PLANTS　　SLAVE OF PLANTS

2평의 협소한 코덱스 노면점 슬레이브 오브 플랜츠. 오다큐선 고토쿠지역에서 3분 거리, 골목길 안쪽에 위치한 작은 괴근식물 가게다. 좋아하는 것을 일로 삼기로 결심한 주인장 이케가미 다이스케 씨가 이곳에 식물 갤러리를 연 지는 2년이 조금 되지 않았다. "저도 초심자라 입문용으로 적합한 품종을 취급하고 있어요." 적당한 가격대의 식물들이 많으며 아티스트나 도예가와 협업해서 제작한 오리지널 화분이 큰 인기를 끌고 있다.

SLAVE OF PLANTS
주소: 도쿄도 세타가야구 고토쿠지 1-45-10 1층
전화: 03-6336-3277
영업 시간: 화요일~목요일 11:00~17:00 토요일 12:00~18:00
정기 휴일: 일요일, 월요일, 금요일
홈페이지: https://www.slaveofplants.com/

Daisuke IKEGAMI

117

DriftWood & SmokeyWood

노모토 에이이치 씨는 Drift Wood(파충류), Smokey Wood(식물), WILD WOOD(이벤트)의 CEO로 오사카를 중심으로 식물 이벤트를 정착시킨 인물이다. SNS에서 보스라고 불릴 정도로 존재감이 크다. 박쥐란의 기이한 모습에 사로잡혀 'Smokey Wood'를 열고 전 세계의 박쥐란을 소개하고 있다.

DriftWood & SmokeyWood
주소: 히가시 오사카시 다카이다 모토마치 1-10-1-301
전화: 090-8882-1574
홈페이지: http://www.baobabu.net
인스타그램 @driftwood.smokeywood

Eiichi NOMOTO

Cultivate STORE

관엽식물과 다육식물에 대한 폭넓은 지식은 대표 오쓰카 타카히로 씨가 식물 도매상에서 근무하며 쌓은 것이다. 고노스시에 오픈한 'Cultivate STORE'는 정원용 대형 품종까지 갖추고 있으며 새로운 식물과 함께하는 라이프스타일을 제안한다.

Cultivate STORE
주소: 사이타마현 고노스시 구스 2266
전화: 048-594-9871
영업 시간: 10:00~17:00
홈페이지: http://plantsx.net

Takahiro OTSUKA

GREENPLAZA21

2대째 식물 가게 GREENPLAZA21의 주인장 나고시 마사토시 씨는 유소년기부터 식물에 매료되었다. 전문 분야는 식물 재배. 식물이란 공기와 마찬가지로 살아가는 데 꼭 필요한 것이라고 생각한다. 식물 판매뿐만 아니라 식물원에서 희소식물의 분갈이나 통관 작업을 하는 등 식물에 관련된 모든 업무를 한다. 최근에는 식물 재배는 물론이고, 식물 재배자 양성과 그 환경을 조성하는 디렉션 사업에 열정을 쏟고 있다. 특별 전시 및 특매 행사에서는 커뮤니케이션을 중심으로 식물 보급에 힘쓰고 있다. 독일 등지의 틸란드시아 식물 재배원에 직접 가서 커뮤니케이션(수다)에 힘쓰며 수입도 한다. 국내외의 폭넓은 커넥션을 통해 다육식물부터 박쥐란까지 거의 모든 장르를 망라하며 시대에 걸맞는 인기 식물들을 갖추고 있다.

Masatoshi NAGOSHI

GREENPLAZA21
주소: 교토부 소라쿠 군세이카쵸 호우소노 스나코다 12-4
전화: 0774-93-0894
영업 시간: 10:00~17:00
정기 휴일: 매주 화요일
홈페이지: www.uekiya21.com
인스타그램 @uekiya_nijyuuichi

MADA plants

식물애호가를 위한 회원제 유료 온라인 살롱. 최신 수입 모종의 현지 정보나 재배 관리 방법을 제공한다. 현지에서 막 입고된 식물의 아울렛 정보도 놓칠 수 없다. 아프리카, 마다가스카르의 다육식물이나 관목계 향목, 남미의 선인장류도 취급하는 최첨단 정보 사이트다. 회원 가입을 위해서는 페이스북에서 멤버 등록 신청을 해야 한다.

MADA plants
홈페이지: https://www.seedsbank.jp/
살롱 URL: https://www.facebook.com/groups/2315419232061751/about/
인스타그램 @madaexotic

YUSUKE

참고문헌

Jason Eslamieh, 《THE GENUS COMMIPHORA》(A Book's Mind)

Jason Eslamieh, 《THE GENUS BOSWELLIA》(A Book's Mind)

Jason Eslamieh, 《CULTIVATION OF BURSERA》(A Book's Mind)

Walter Roosli, 《Pachypodium in Madagascar》

Roy Vail, 《Platycerium Hobbyist's Handbook》(Desert Biological Pubns)

최신원예대사전 편집위원회 지음, 《최신원예대사전》(성문당 신광사)

《다육식물 & 코덱스 GuideBook》(슈후노토모샤)

《다육식물전서 All about SUCCULENTS》(그래픽사)

협력: Green Snap

https://greensnap.jp

식물 애호가를 위한 사진 사이트로 매일 3,000장 이상, 누계 200만 장 이상의 사진이 업로드되는 인기 사이트다. 다육식물, 괴근식물 사진 콘테스트를 개최해 애호가들의 재배 사진을 모집하고 있다. 이 책에도 다수 게재되었다.

B.plants
비자르 플랜츠

초판 1쇄 발행 2023년 4월 12일 | 초판 3쇄 발행 2024년 6월 17일

엮은이 주부의벗사 | 옮긴이 김슬기 | 감수 안봉환

펴낸이 신광수
CS본부장 강윤구 | 출판개발실장 위귀영 | 디자인실장 손현지
단행본팀 김혜연, 조문채, 정혜리
출판디자인팀 최진아, 당승근 | 저작권 김마이, 이아람
출판사업팀 이용복, 민현기, 우광일, 김선영, 신지애, 이강원, 정유, 정슬기, 허성배, 정재욱,
          박세화, 김종민, 전지현, 정영묵
영업관리파트 홍주희, 이은비, 정은정
CS지원팀 강승훈, 봉대중, 이주연, 이형배, 전효정, 이우성, 신재윤, 장현우, 정보길

펴낸곳 (주)미래엔 | 등록 1950년 11월 1일(제16-67호)
주소 06532 서울시 서초구 신반포로 321
미래엔 고객센터 1800-8890
팩스 (02)541-8249 | 이메일 bookfolio@mirae-n.com
홈페이지 www.mirae-n.com

ISBN 979-11-6841-527-0 (03520)